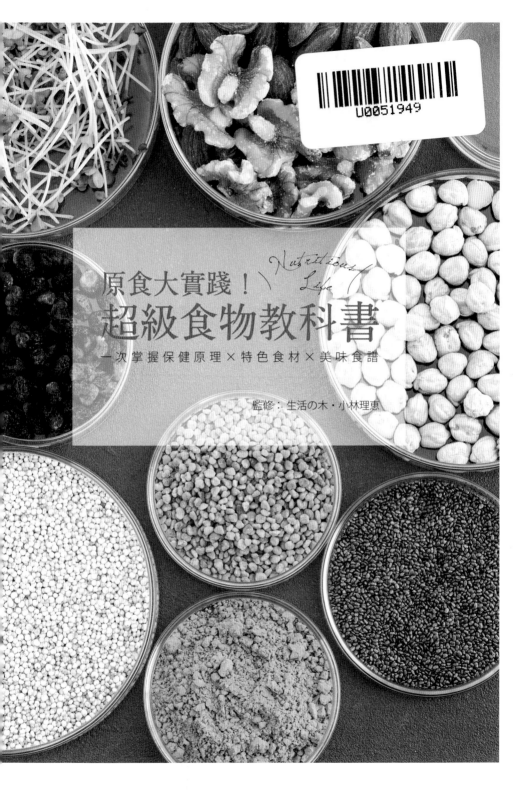

原食大實踐！
超級食物教科書

一次掌握保健原理×特色食材×美味食譜

監修：生活の木・小林理惠

Nutritious Life

前言

「生活の木」一直以來都希望能夠透過有機香草、精油等產品，以自然、健康、快樂為主題，為人們帶來「物質與心靈皆豐富的生活」，因此提出了Nutritious Life這個概念。Nutritious就是「富有營養」的意思，提倡不仰賴藥物、保健食品，只靠每天的飲食就能正確攝取營養、輕鬆愉快地預防疾病，而這就是「營養的生活」。

「超級食物」是Nutritious Life的一環。

說到超級食物，如今仍是電視、雜誌、網路上的熱門話題。不只是日本，「超級食物」已是全世界關注的關鍵字，國外許多追求健康的名流、模特兒都相當關心這個健康議題。

「超級食物」是近幾年才被提及的詞彙，但其中所包含的食物卻由來已久，它們幾乎都是在悠久歷史中為人們帶來美麗與健康的食物。新近的研究使得這些食物重新獲得重視，它們高度的營養價值與優秀的美容、健康效果受到廣泛認同，因而開始被稱為超級食物。以下試舉一些食物進行說明。

藜麥有「穀物之母」之稱，原產於安地斯山脈一帶，早在西元前5000年的古印加帝國時期就有栽種紀錄，並已於當時作為主食。由於它含有豐富的蛋白質、礦物質，目前也受到NASA的重視。

奇亞籽在日本不太容易取得，但在西元前3500年，墨西哥馬雅族人早已開始栽種奇亞籽，在馬雅語中，「奇亞」是「力量」、「強大」的意思。由此可知，對馬雅族而言，奇亞籽是非常重要的營養來源，而後經過

了五千年以上的時間，奇亞籽再次在美國名流間掀起了流行風潮。

辣木被稱作「奇蹟之樹」，種子可榨油，據說是埃及豔后克麗奧佩托拉（Kleopatra）鍾愛的美肌保養品，而枸杞（枸杞子）更是楊貴妃為了延緩老化而常服用的藥膳食材。

這些有「超級食物」之稱的食材，蘊藏著先人的歷史與智慧。在那缺乏藥物、營養補充品的時代，食物的取得並不容易，但他們仍然與自然共存，過得十分富足，反觀身處於便利世界卻生活忙亂的我們，現代人真的很需要多向先人效法與學習──善用「超級食物」就是現代人必須重視的一項先人智慧。

我們正處於一個能夠盡情享用美食的時代，希望大家都能好好審視那些食物，並思考其中所含的營養素，因為我們的身體狀況取決於攝取的食物，美麗與健康都與飲食息息相關。

希望透過本書，能使得更多人重視Nutritious Life，期許每個人都能從內而外散發出美麗自信的光芒。

2016年11月
生活の木

Nutritious Life™

Contents

Part 1 | 超級食物事典
水果・蔬菜

Smoothies

再忙，每天早上也要來一杯
簡易混搭風の美麗果昔 × 9

Dressings & Salads

10種醬料＋3種沙拉，
輕鬆享受美味的健康沙拉

Sweet's

美味甜點×12
帶來滿滿幸福感

本書食譜小叮嚀

◎1大匙是15ml，1小匙是5ml，1杯是200ml。
◎調味料若無特定的標示，醬油使用濃口醬油，砂糖使用白砂糖，鹽巴使用岩鹽。
◎材料欄中註明（磨成泥）、（切末）等的食材，請事先將可食用部分，依使用分量磨成泥或切末。
◎無特別說明時，蔬菜、水果的蒂、根、芯皆不使用，請事先切除或去除。

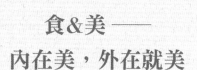

食&美——
內在美，外在就美

「希望任何時候都年輕貌美」
——任誰都會有這樣的想法吧！
但是，所謂的「美」究竟是什麼呢？

你吃什麼就會像什麼

「美」的定義會依時代、國情而有所不同。環球小姐、世界小姐等具有世界代表性的選美比賽，其共同的評選標準不只考量外貌，也包括知性、個性上的美麗，即從內在自然散發出的健康美。現代社會所要求的美，也不只是長相、身材比例均勻，還要身心都健康——這就是「內在美」。換言之，真正的美麗，不只要琢磨外在看得到的部分，也要琢磨來自體內的美。想要獲得內在美，第一步就是健康又營養的飲食，因為「你吃什麼就會像什麼」，身體的細胞會依據每天的飲食，在三個月到半年之間變好或變壞。

艾麗卡·安葛亞（Erica Angyal）是日本環球小姐的正式營養諮商師，指導過無數選手晉級選美決賽，他在其著作中提到：「你所攝取的食物，一定會呈現出好或壞的結果」、「將食物視為良伴，任何人都會變得比現在更美」（《世界第一美女瘦身法》，2009年，幻冬舍出版）。可見，每天的飲食會直接影響你未來的身體變化。

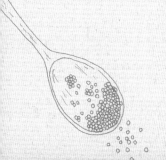

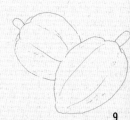

飲食不正常是美麗大敵？

　　肌膚狀態不佳，總是冒痘子、顯得暗沉，這時一般人會想盡辦法從外表進行治療，譬如擦藥、塗抹美容液等。當然這是治療方法之一，但肌膚問題多半反映了內臟問題。

　　舉例來說，便祕就是引起肌膚問題的原因之一。如果有便祕的狀況，體內的老舊廢物會長時間堆積在腸內，對身體來說，就會營造出有利於壞菌大量繁殖的環境。只要壞菌增加，有害物質就會釋出到血液裡，並帶往身體各處，進而對肌膚等造成不良的影響。不僅如此，腸子是吸收營養最重要的器官，一旦吸收功能遲緩，本來應該排出的東西無法排出，必要的營養素也無法順利吸收，營養就無法充分運送到身體各處。長期下來，不但會引起浮腫、肌膚暗沉，甚至會令人提不起勁、疲勞感無法解除等，影響身體健康與生活作息。

　　不正常的飲食生活可說是引起便祕的一大原因，包括膳食纖維攝取不足，且未充分攝取優質、足量的水，經常攝取會導致身體虛冷的冰淇淋、果汁……當然，壓力、運動不足等也是主要原因。想要緩解便祕，首先就要多花點心思在飲食上，務求營養均衡。一旦飲食生活亂了節奏，「美麗」就會崩壞，這也是為什麼我們應該以內在美為努力的目標。

　　不只是肌膚，我們的身體都是靠著平常所攝取的營養素建構而成。指甲、頭髮、肌肉、脂肪，這些全都來自於食物中的營養素。就美容、健康方面進行考量，如果只是吃一些加了保存劑、添加物的便當，或以高脂質、高糖分的速食為主食，無論如何都會令人無法安心。

美＋活力，健康享瘦

為了追求外在形體的美麗，很多人會努力進行減肥。減肥有各種方法，包括減少食量，或做運動以增加熱量的消耗等，但減肥真正的目地不應該只是瘦身而已，還要在減肥過程中，挑選對的飲食、進行適當的運動，將身體調整到理想的健康狀態。如果只是一味地抑制攝取的熱量，就算體重減輕，也無法理想地調養身體，若因此而導致肌肉減少、鬆弛，或肌膚乾燥粗糙、頭髮乾澀無光澤……即使身形變瘦，卻失去健康和活力，實在得不償失。

在減肥過程中，比起什麼都不吃，更重要的是要判斷什麼該吃、什麼不該吃，以提升身體的新陳代謝。平常要勤於活動，並調控飲食的平衡，努力打造健康身體，這才是正確的減肥方式。

為了雕塑健康美麗的身材，應注意身體所需的必要營養素，包括蛋白質、維生素B群、鐵質等等。蛋白質是肌肉生成的基礎，一旦蛋白質攝取量不足，代謝力就會下降，身體就難以變瘦。鐵質也是減肥中應該積極攝取的營養素，是身體製造血紅素不可或缺的「原料」。維生素B群可有效提升熱量代謝，也不可忽略。

為了獲得理想的身體狀況，一定要注重飲食。一起健康有活力地度過每一天吧！

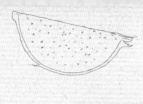

飲食均衡＝
營養素均衡

以內在美為目標的「均衡飲食」究竟如何落實呢？

所謂均衡的飲食，

就是包括三餐在內都能攝取到均衡的營養素，

避免暴飲暴食，以健康的方式享受美味的食物。

美人的好朋友：五大營養素

食品中所含的「營養素」是什麼呢？營養素必須符合以下定義中的任一項內容：1.可供給能量之物。2.為維持成長、生命所必要之物。3.攝量不足時會引起特有生化反應或生理學上變化之物（出處：日本農林水產省網頁）。

平常我們從飲食中所攝取的營養素，大致可分為五大類，包括：1.碳水化合物（醣類），多存在於米、小麥、砂糖等食物中。2.脂質，多存在於食用油、肉類脂肪等食物中。3.蛋白質，以肉、魚、豆腐等為代表性食物。4.維生素，以黃綠色蔬菜、水果等為代表性食物。5.礦物質，這類營養素主要從牛奶、海藻等食物攝取。在營養學上，將上述營養素稱為「五大營養素」，身體除了需要各種營養素，也需要水和膳食纖維，這兩類物質的攝量直接會影響美容與健康。

各式各樣的營養素在我們的身體內交互作用，並發揮各種功效，支持著身體的正常運作。一旦營養攝取不均衡，就會引起肌膚問題、身體不適、生活習慣病與精神疾病。

不少人減肥時，會避免吃含有碳水化

合物（醣類）和脂質的食物，但是如果過度減少或完全不攝取這些營養素，對身體反而會造成極大的傷害。碳水化合物是即效性很高的能量來源，雖然攝取過多的碳水化合物會積存在體內，但更要注意的是，碳水化合物一旦攝取不足，就會使腦部、神經的活動變得遲緩，所以即使是減肥時期，也一定要攝取適當的分量。脂質有助於提升其他營養素的吸收率，能使肌膚保持潤澤，是維持美麗所不可欠缺的營養素，可別為了減肥就「拒油於千里之外」！平時可選擇亞麻籽（亞麻仁）油、紫蘇籽油等這一類的優質油品，有不錯的延緩老化效果。

美容必需：維生素＆礦物質

想要美容，就不能缺少「維生素」和「礦物質」。維生素能夠調整身體狀況，協助體內酵素發揮作用。維生素有「水溶性」與「脂溶性」之分，脂溶性的維生素包括可預防肌膚乾燥的維生素A，以及具強烈抗氧化作用、可延緩老化的維生素E等。水溶性的維生素則包括可幫助熱量代謝的維生素B群，以及堪稱造血維生素的葉酸，維生素C也屬於水溶性維生素，有助於生成膠原蛋白、提高美白效果。

礦物質是人體製造骨骼、牙齒或荷爾蒙不可或缺的成分，能廣泛在體內發生作用。「鉀」有助於排出多餘水分、防止浮腫，「鐵」能預防貧血，「鋅」維持皮膚、黏膜的健康等（詳細內容請參見P.16）。本書所介紹的超級食物，大部分都含有維生素與礦物質，請在均衡飲食中納入超級食物，享受具有美容效果的飲食生活吧！

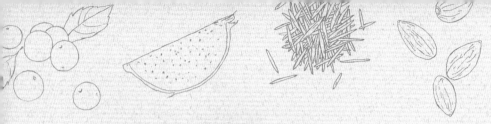

活用超級食物

自從超級食物被知名的好萊塢女星、國外的超級名模等

視為美容、健康、延緩老化聖品後，

凡是提及美容、減肥等女性話題，總是離不開「超級食物」。

超級食物的定義

「超級食物」一詞源自1980年代左右，當時是美國、加拿大研究飲食療法的醫師、專家之間的術語，被認為是「含有許多突出、有效成分的食品」。比這更早之前，在歐美就已經開始流行「生機飲食」（Raw Living Food，簡稱Raw Food），盡可能從未加工的新鮮食材中攝取酵素與營養素。此後，超級食物受到生機飲食族群的歡迎。大衛・沃夫（David Wolfe）被稱為「生機飲食權威」，他著有《超級食物》（Super Foods，2009）一書，在這本著作的推波助瀾之下，「超級食物」的說法擴展到了全世界（2015年，大衛・沃夫的這本著作在高成剛的監譯下出版了日語版，由医道の日本社出版）。

大衛・沃夫在該書中將枸杞（枸杞子）、瑪卡、螺旋藻、椰子、可可等視為超級食物。最近，「超級食物」已成為了專有名詞，或許有人會困惑：「超級食物那麼多，究竟要吃哪一種比較好呢？」如果你有這種煩惱，就請參考本書吧！一起從自己身體的煩惱、覺得攝取不足的營養素等角度，一步一步確認自己所需的超級食物。

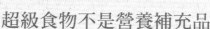

超級食物不是營養補充品

隨著醫學研究的進步、民眾認知的提高，被歸類於「超級食物」的食材開始受到人們的關注，但是，如前所述，其實有很多超級食物遠在西元前就已經是世界各地原住民族的重要營養來源。

本書也談到了超級食物的歷史與原產地的訊息，建議不要只是盲目地跟隨流行，請試著去涉獵食材的背景、先民們活用這一類物的歷史。我們都應該深入瞭解人類歷代累積的飲食知識與智慧。

數千年前人類所吃的超級食物，就是先人們極具營養價值的「食材」，而不是營養補充品。由於有不少超級食物含有一些特定成分，如果患有慢性疾病，或正在服藥、懷孕或授乳中等，一定要向醫師諮詢後再食用。

日本的傳統食物中，包括味噌與甘酒等，最近也備受關注，新的飲食概念正在擴展當中。本書並非將超級食物界定為特殊食材，而是認為那是「人類熟悉已久的高營養價值食物」、「含有多種對健康有益成分的食物」、「有益成分含量很高的食物」，書中也介紹了這些食物的保健功效及應用食譜。

主要營養成分一覽表

五大營養素
我們每天都應從飲食中攝取必要的營養成分

蛋白質

蛋白質	所謂蛋白質，包含了20種胺基酸化合物。有植物性與動物性之分，是身體製造肌肉、皮膚、黏膜的來源。英文稱之為Protein。
藻藍蛋白	蛋白質之一，藻類的青色色素。具提升免疫力的作用。
❖ 必需胺基酸	胺基酸當中，有些是人體無法製造的，以下9種就是必須從食物攝取的胺基酸：纈胺酸、白胺酸、異白胺酸、甲硫胺酸、苯丙胺酸、色胺酸、組胺酸、蘇胺酸、離胺酸。
❖ BCAA（支鏈胺基酸）	必需胺基酸中，纈胺酸、白胺酸、異白胺酸的總稱，是維持肌肉的蛋白質，也是運動時能量的來源。
❖ 色胺酸	有助於生成褪黑激素、血清素，提升睡眠品質、減輕壓力。
❖ 苯丙胺酸	有助於在體內製造神經傳導物質、抑制空腹感、提高記憶力。
❖ 甲硫胺酸	有助於提高肝功能、抑制造成過敏的組織胺了。
❖ 離胺酸	除了有助於膠原蛋白的生成之外，也可促進鈣等的吸收。
精胺酸	有助於改善尿素循環。
茶胺酸	茶裡所含的胺基酸之一，幫助安定精神與放鬆。

碳水化合物

碳水化合物	醣類和膳食纖維的總稱。醣類會在體內立刻有效轉化為能量。
寡糖	幫助調整腸道環境，有助於比菲德氏菌等益生菌的繁殖。
黏液素	醣與蛋白質複合而成的物質，廣泛分布在體內黏液的成分，能保護細胞表面，也有助於防禦細菌感染。

❖⋯必需胺基酸

脂質

脂質	脂質是構成細胞膜的主要成分，脂肪酸則被當作能量來利用。脂肪酸可分為飽和脂肪酸與不飽和脂肪酸，後者包括n-6系列、n-3系列脂肪酸，能在人體內合成。脂質有助於提升人體對於脂溶性維生素、類胡蘿蔔素的吸收。
Omega-3脂肪酸（n-3系脂肪酸）	有助於降低血液總膽固醇濃度、改善生活習慣病。α-亞麻油酸也屬於這一類脂肪酸。
油酸	屬於不飽和脂肪酸。橄欖油等所含的油酸，有助於降低血中膽固醇濃度。
γ-次亞麻油酸	屬於多元不飽和脂肪酸，簡稱GLA，具有安定血壓、抗發炎的作用。
石榴酸	屬於Omega-5脂肪酸。有助於減少體脂肪、預防肥胖，也能提升免疫功能。
中鏈脂肪酸	屬於飽和脂肪酸，能有效轉換成能量，但攝取過多會使血中膽固醇濃度上升。

維生素

維生素	可分為「易溶於油且耐熱的脂溶性維生素」&「易溶於水且不耐熱的水溶性維生素」。無法直接當作能量使用，卻是維持健康不可或缺的營養素。
維生素A	屬於脂溶性維生素。具強烈抗氧化作用，有助提升免疫力。
維生素E	屬於脂溶性維生素。以生育酚與生育三烯酚兩種形式存在，任一種皆具有強烈抗氧化作用。
維生素B₁	屬於水溶性維生素。有助於維持皮膚與黏膜的健康、腦神經系統與心臟的正常運作。
維生素B₂	屬於水溶性維生素。有助於醣類、脂質、蛋白質的代謝，維持皮膚與黏膜的健康。
菸鹼酸	屬於水溶性維生素。幫助代謝醣類、脂質、蛋白質，有助於皮膚黏膜生成。
維生素B₆	屬於水溶性維生素。有助於蛋白質的代謝，維持肌肉、血液、皮膚、黏膜的健康。
葉酸	植物裡含量很多，與造血作用、胺基酸的代謝等有關。
維生素C	屬於水溶性維生素。有助於抗氧化、生成膠原蛋白，也能提高鐵的吸收率。
肌醇	在人體中由葡萄糖所製造，具有維持神經機能、防止脂肪沉積的作用。嚴格地說，並不屬於維生素，而是具有類維生素作用的維生素樣態物質。

礦物質			
礦物質	有助於骨骼等身體組織的構成、調整身體狀況。	鈉	食鹽中含有此成分，是維持健康所需的必要礦物質，但攝取過多易導致高血壓。
鉀	有助於維持酸鹼平衡、鉀鈉平衡、消除浮腫。	鎂	有助活化酵素、維持正常的神經傳達。
鈣	形成骨骼、牙齒的成分。除了能強化骨骼之外，還能幫助血液凝固、神經傳達。	碘	在人體內可製造甲狀腺荷爾蒙，尤其能促進孩童的成長，對成人而言則有助於促進基礎代謝率。
		鐵	在人體內可製造紅血球，且能與氧結合，輸送到全身。

機能性成分

雖然不屬於必要攝取的營養素，但有助於維持健康

膳食纖維		其他機能性成分	
膳食纖維	人體的消化酵素無法消化吸收，有水溶性與非水溶性之分，分別會對身體造成不同的影響。	β-胡蘿蔔素	屬於類胡蘿蔔素，天然的黃色與紅色色素。具抗氧化作用，有助於保持肌膚與黏膜的健康，提升免疫力。
菊糖	屬於水溶性膳食纖維。有助於抑制醣的吸收以控制血糖值上升，亦有助於調整腸道環境。	β-隱黃素	屬於類胡蘿蔔素，主要存在於柑橘類食物中，有助於預防骨質疏鬆症、抑制癌症。
多酚		蝦紅素	屬於類胡蘿蔔素，主要是海洋生物所含的紅色色素。具抗氧化作用，有助於防止膽固醇氧化、緩解疲勞。
多酚	具抗氧化作用的色素，味苦、辛辣，據說存在4000種以上。可大致分為「類黃酮」與「非黃酮類」。	葉黃素	屬於類胡蘿蔔素，脂溶性的天然色素。人體眼球的水晶體、黃斑部含有此成分，具有強烈的抗氧化作用。
❖類黃酮	多酚中最主要的一類。多酚大部分都屬於類黃酮，屬於多酚中重要的色素類成分。	酵素	促使醣類、脂質、蛋白質的消化與代謝反應。
❖花色素苷	屬於類黃酮，葡萄、莓類都含有花色素苷，有助於強化微血管、改善血液循環。	雌酮	雌激素（女性荷爾蒙）的一種，植物雌激素的作用與此類似，有助於緩解生理不順、更年期障礙等。
❖大豆異黃酮	屬於類黃酮。大豆等食物中富含此成分。	血清素	與催產素並稱為「能帶來幸福感」的腦內激素，也稱為「幸福荷爾蒙」。
❖兒茶素	屬於類黃酮。茶的苦味成分，有助於調整血液中的膽固醇含量。	苯乙胺	屬於腦內激素，也稱為PEA，能帶來幸福感，也有助於美肌、減肥。
木酚素	屬於非黃酮類。除了具抗氧化作用之外，還能藉由腸道細菌的代謝，發揮類似雌激素（女性荷爾蒙）的作用。亞麻籽中所含的木酚素，就稱為「亞麻木酚素」。	褪黑激素	在腦內從色胺酸所生成的激素，有助眠作用。
鞣花酸	屬於非黃酮類。具抗氧化作用，有助於防癌、美肌、美白效果。	甜菜鹼	天然的保濕成分，有助於提升肝功能、免疫力。
酚酸	屬於非黃酮類，包括咖啡中所含的綠原酸等，有助於緩解疲勞。	甲基乙二醛	天然的抗菌物質，健體功能尚處於研究階段，大致上對口腔的維護、消除幽門螺旋桿菌有所助益。
薑黃素	屬於非黃酮類，薑黃、薑中所含的天然黃色色素，具抗氧化作用，有助於強化肝功能、改善肝臟病損等。	生物鹼	胺基酸的衍生物，植物所含氮素成分的總稱，具鎮靜作用，有助於調整血液循環系統。
		可可鹼	可可中所含的一種生物鹼，有助於活化腦部、集中注意力。

❖ 表示屬於「類黃酮」

皂素	植物中所含的配醣體之一，具抗氧化作用，有助於促進脂肪代謝、降低膽固醇。

Enjoy
Nutritious Life!

Part. **1**

超級食物事典

水果・蔬菜

Fruits & Vegetables

色彩繽紛的水果，

含有各種維生素、多酚。

富含膳食纖維的蔬菜，

有助於改善腸道環境，

也是減肥的得力助手，

美容、舒緩壓力更是少不了它。

亞馬遜流域相傳已久的神奇水果

巴西莓 Acai

· 🍳 RECIPE ≫ P.98 ·

富含鐵質，
對女性尤其有助益，
有助延緩老化

學　　名：*Euterpe oleracea*
別　　名：Acai berry
科　　別：棕櫚科
原 產 地：巴西・亞馬遜河
食用部分：果實（果皮）
常見型態：粉末・泥狀

☑ 重要成分

| 鐵 | 鉀 |
| 必需胺基酸（BCAA） | 多酚 |

☑ 美麗POINT

| 美肌・美白 | 預防貧血 |
| 延緩老化 | 預防生活習慣病 |

巴西莓是棕櫚科樹木的果實，主要生長於巴西亞馬遜河流域，直徑約1cm，種子也很大，除了果皮可食用之外，大約10％的果實都可以吃。當地原住民族會將果實搗碎後製成果汁等食用。內含可幫助調整心臟、肌肉功能的鉀，以及延緩老化效果的多酚，且富含必需胺基酸，堪稱為超級食物。還有豐富的鐵、鈣等成分，能有效預防貧血、骨質疏鬆。亦含BCAA、礦物質，有助於緩解肌肉疲勞，受到運動員的喜愛。在日本可購買到以冷凍乾燥技術加工成的粉末產品，或打成泥狀的冷凍食品等。也有果汁產品，很受歡迎。

🍳 食用小叮嚀

不同體質可能會有不同反應，攝取過多可能會有排稀便的情形。剛開始攝取時，若是食用粉末狀則先吃一茶匙，若是果汁則大約食用200ml即可。

🥤 DIY立即輕鬆享用

巴西莓外觀看起來像藍莓，但不具酸味，風味近似紫蘇，與和食很搭，也可將巴西莓粉混在飯裡。若是粉末狀，建議可加入奶昔、優格、穀片等食用。

加入優格中

☑ *Local information*

幫助守護熱帶雨林

巴西莓屬於棕櫚科植物，在亞馬遜河熱帶雨林的嚴酷環境下生長，果實結在20至30公尺高處，人們要爬到高處，才能將它的果實連同枝葉一起剪下，再以小型耙子將果實剝取下來。細長樹枝呈扇狀散開，每一束都結實累累，足足有3至6公斤的果實。

當地原住民靠著栽培、收穫巴西莓維生，這樣的農業經濟有助於樹木持續生長，減少濫伐樹木，有助於維護自然環境。

天然維生素C含量世界第一

卡姆果 Camu camu

· RECIPE 》》 P.100 ·

維生素C具抗氧化作用，
有助延緩老化，
並預防肌膚乾燥

Data

學　　名： *Myrciaria dubia*

科　　別： 桃金孃科

原 產 地： 秘魯・巴西・玻利維亞・
　　　　　亞馬遜河流域

食用部分： 果實

常見型態： 粉末・果汁

☑ **重 要 成 分**

鞣花酸　　維生素C

菸鹼酸　　膳食纖維

☑ **美 麗 POINT**

美肌・美白　　延緩老化

預防生活習慣病　　緩解壓力

卡姆果如櫻桃般大小，果實帶有酸味。100g的果實中維生素C含量約2800mg，大約是檸檬的50至80倍，依品種略有差異，堪稱是蔬菜、水果中的維生素C高含量者。據說，卡姆果之所以有如此高的維生素C含量，是因為它有如紅樹林般可在水中生長的特性，能在雨季期間吸取亞馬遜河水的養分。亦含有菸鹼酸（維生素B群），有助於分解醣類、脂質產生熱量。近年來研究者發現它含有鞣花酸（屬於多酚），有助於減輕體內的氧化壓力。自從好萊塢名流把卡姆果當成優良的延老、美容食品之後，一般大眾已對它不陌生。在日本很難買到生鮮的卡姆果，若要每天食用，建議購買粉末狀的產品。

🥄 **食用小叮嚀**

同時攝取維生素C和膠原蛋白，對美肌、美白、感冒的黏膜修復很有幫助。只要將卡姆果粉加在果凍等食品之中即可食用。注意！維生素C不耐熱，不適合加熱調理。

🥤 **DIY立即輕鬆享用**

最簡單的食用方式就是將卡姆果粉加入優格中，或溶於飲用水後當成果汁飲用。也可與豆漿、牛

與牛奶混合

奶、水果混合，作成奶昔等美食，品味卡姆果的清爽酸味。

☑ *Local information*

守護產地居民的生活環境

卡姆果產於巴西的亞馬遜河流域。當地居民自古以來就喜愛食用卡姆果，主要用以防止肌膚乾燥、預防感冒、改善便祕。如今已從天然採集改為農耕栽培，且皆採有機栽培的方式，用心地培育著有機卡姆果。

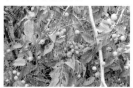

當地居民細心地將略帶紅色的卡姆果一粒粒採摘下來。巴西除了生產卡姆果之外，也是藜麥、瑪卡、黃金莓等的產地。

富含多酚的稀有果實

馬基莓 Maqui berry

· RECIPE >>> P.98 ·

含豐富的花青素＆維生素，有助於改善眼睛疲勞

Data

學　　名：*Aristotelia chilensis*

科　　別：杜英科

原 產 地：智利南部巴塔哥尼亞

食用部分：果實

常見型態：粉末・果汁

☑ **重要成分**

> 花青素　　膳食纖維
>
> 鐵　　　　鉀

☑ **美麗POINT**

> 延緩老化　　緩解便祕
>
> 緩解眼睛疲勞　改善浮腫

會長出馬基莓果的樹被稱為「奇蹟樹」，長久以來守護著馬普切族（Mapuche）的健康。據説，馬普切族的戰士們在印加人、西班牙人入侵南美時，喝了馬基莓果汁及其發酵酒，變得驍勇善戰。馬基莓含有花青素（具花色素苷成分，有助於排除醣類、自由基），屬於抗氧化作用極強的多酚，可提升免疫力、強化血管以預防生活習慣病，也能幫助緩和眼睛疲勞，並具有延緩老化效果。馬基莓果中亦富含鉀、鐵等礦物質，有助於改善浮腫、預防貧血，膳食纖維含量也很高，能有效緩解便祕。在日本很難買到生鮮的馬基莓，可使用經冷凍乾燥後粉碎成粉末的產品。

🥄 **食用小叮嚀**

果實中所含的多酚是備受關注的成分，屬於水溶性，無法留在體內，一天當中建議分成早餐、零食時間等多次食用，提高成分的攝取量。

🥛 **DIY立即輕鬆享用**

食用馬基莓時，建議使用經100%冷凍乾燥製成的粉末。將馬基莓粉溶於水後製成果汁，或直接加

溶於水中

入優格、果昔中食用。製成淋醬、醬汁會呈現鮮豔的紫色，能適當增加醬汁的酸味與甜味。

☑ *Local information*

在純淨的空氣中生長

原生於美麗的巴塔哥尼亞高原上，屬於大自然環境中較稀有的野生植物，近來日本也開始販售馬基莓的種子和幼苗，但果實的部分尚無法靠人工栽培。對原產地的人們而言，馬基莓屬於常見的水果，常被製成果汁、果醬及釀酒。

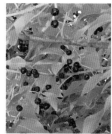

生長在世上最美麗、空氣極為純淨的巴塔哥尼亞高原中，馬基莓果至今仍由馬普切族人以手工採收。

恰到好處的酸甜美味

黃金莓 Golden berry

· RECIPE >>> P.144 ·

含豐富維生素E、鐵質。
維生素E有助於延緩老化，
鐵質有助於預防貧血

學　　名： *Physalis peruviana*

別　　名：印加莓・燈籠果・秘魯酸漿果

科　　別：茄科

原 產 地：秘魯

食用部分：果實

常見型態：果乾・果汁

☑ 重要成分

鉀	鎂

維生素A,E	膳食纖維

☑ 美麗POINT

延緩老化	預防生活習慣病

預防貧血	緩解便祕

黃金莓是可食用的「燈籠果」，也稱為印加莓，自古印加帝國時期起就受到秘魯人的喜愛。在產地，人們多半將之當成生鮮水果食用，日本人則主要食用果乾。生鮮的黃金莓帶有甜酸味，類似小番茄。乾燥後的黃金莓味道較為濃縮，屬於帶有清爽酸味、不過甜的優質果乾。含有豐富的肌醇，有助於排毒、降低膽固醇、美肌、預防動脈硬化。內含具抗氧化作用的維生素E，亦含膳食纖維，有助於維持腸道健康。黃金莓還含有鐵、鎂等成分，可幫助預防貧血。由於果乾很方便隨身攜帶，黃金莓在注重美容與健康的好萊塢女星、超模界大受歡迎。

🍅 食用小叮嚀

維生素E可促進血液循環。建議將20至30顆的黃金莓與牛奶、豆漿一起放在攪拌器裡，打成飲料飲用。

🥤 DIY立即輕鬆享用

將黃金莓果乾與奇亞籽、其他果乾一起浸漬在優格中一晚，隔天早上就會泡發，變得濕軟而容易

浸入優格中

食用，一下子就能作出富有營養的早餐。製作磅蛋糕、餅乾等點心時也可添加黃金莓果乾，食用穀片或沙拉時也可添加。

☑ *Local information*

栽培於高地的水果

南美秘魯胡寧大區（Región Junín）因古印加帝國而繁榮，標高約3000公尺，這片高地就是黃金莓的栽培地。該地農民在高地栽培黃金莓，收穫期皆親自從田裡採收。果實收穫後去皮，經過乾燥處理或加工成果汁，這些加工品再從當地送往世界各地。

在產地，黃金莓屬於隨時能吃得到的生鮮水果，一般市場就可嘗到黃金莓果汁或冰淇淋。

自古流傳的不老長生果

枸杞 Goji berry

· RECIPE ≫ P.126 ·

富含所有的必需胺基酸
有助於美肌、延緩老化

學　　名：	*Lycium chinense*／ *Lycum barbarum*
別　　名：	枸杞子・紅耳墜
科　　別：	茄科
原 產 地：	東亞
食用部分：	果實
常見型態：	果乾

☑ **重要成分**

9種必需胺基酸	β-谷固醇
維生素B₁,B₂,E	β-胡蘿蔔素

☑ **美麗POINT**

美肌・美白	延緩老化
幫助減肥	預防生活習慣病

枸杞就是我們所熟悉的「枸杞子」，很多日本人會一下子就聯想到撒在杏仁豆腐上的紅色橢圓形果實。自古以來，枸杞就被視為長生不老的藥，依據中國古醫書《本草綱目》的記載，食用枸杞是長壽的妙方。慈禧太后很注重健康飲食，當時他使用的枸杞食譜也流傳了下來。據說，枸杞也是唐朝楊貴妃經常食用的美容食材。枸杞含有β-谷固醇，有助於降低膽固醇，可幫助減肥及預防生活習慣病。由於枸杞含有人體所需的9種必需胺基酸，還有豐富的維生素，所以對美肌、延緩老化有綜合性效果。其中也含有甜菜鹼，研究資料顯示，這種成分能提升肝功能、提高免疫力。

食用小叮嚀

含豐富的脂溶性β-胡蘿蔔素，必須與含油的食品一起食用，以提升該成分的吸收率。有些人食用太多會有拉肚子的情形，請一開始先吃10至20粒，再視自身體質狀況調整食用量。

DIY立即輕鬆享用

煮香草茶或煮湯時，可加入枸杞，泡茶時也可在盛裝的器具裡撒入幾粒枸杞，待其變軟時食

放入茶裡

用。建議也可搭配優格食用，先在優格中浸泡一晚，隔天早上即可食用。

☑ *Local information*

「紅寶」的產地

日本銷售的枸杞幾乎都產自中國，栽培於內蒙古、河北省等地，其中以寧夏產的枸杞品質最為優良，被稱為「紅寶」，備受到重視。寧夏位於中國大陸西北部，高地地形，溫差大，枸杞在如此嚴酷環境中茁壯成長，營養素相當豐富。

中國有句俗語：「男人行千里，切莫吃枸杞。」據說枸杞滋補肝腎，遊子在外容易食後亂性，在家的妻子便以這句話含蓄地提醒丈夫不要在外拈花惹草。

多方面守護身體

綠花椰超級芽菜
Broccoli Super Sprout

• RECIPE >>> P.113 · 123 · 133 •

含有辛辣成分蘿蔔硫素，
有助於體內徹底排毒

Data

學　　名：*Brassica oleracea var. italica*

科　　別：十字花科

原 產 地：地中海義大利沿岸

食用部分：嫩芽

常見型態：生鮮蔬菜

☑ **重要成分**

蘿蔔硫素　　維生素 C,E　　β-胡蘿蔔素　　鐵

☑ **美麗POINT**

美肌・美白　　預防貧血　　延緩老化　　預防生活習慣病

綠花椰芽菜與綠花椰超級芽菜，就外觀來看沒太大差別，都是綠花椰菜的嫩芽。若看營養成分，則後者的蛋白質、β-胡蘿蔔素含量較多，而之所以加上「超級」一詞，是因為這種芽菜含有第七營養素「植化素」中的蘿蔔硫素。原本綠花椰芽菜的蘿蔔硫素含量就會比熟成的綠花椰菜多5至7倍，而綠花椰超級芽菜則比綠花椰芽菜還要多出好幾倍！這個成分的發現者是美國喬治霍普斯金大學防癌預防研究所，據研究報告，這種帶有辛辣感的成分有助於預防各種疾病，包括可提高身體抗氧化力，有助於抑制花粉症、消除幽門螺旋桿菌、使有害物質無毒化地排出體外等等。綠花椰超級芽菜本身就具有活化解毒酵素的作用，而蘿蔔硫素能強化這一功能。這種芽菜同時富含維生素C、E，鐵含量也相當豐富。

食用小叮嚀

蘿蔔硫素須有酵素的幫助才能產生期望的保健作用，雖然蘿蔔硫素耐高溫，但生鮮蔬菜所含的酵素並不耐熱，所以建議以生吃的方式食用，且應充分咀嚼，抗氧化作用可在體內維持3天左右。建議分量為一週一袋以上。

DIY 立即輕鬆享用

蘿蔔硫素可刺激體內生成抗癌酵素，建議將芽菜製成新鮮果汁、果昔。由於蘿蔔硫素容易揮發，所以打成蔬果汁後不要擱置，請立刻飲用。

口感清脆的健康食材

雪蓮果 Yacon

• RECIPE ⟫ P.129 •

果寡糖甜味魅力十足，
有助於改善腸道環境

Data

學　　名：*Smallanthus sonchifolius*

別　　名：菊薯

科　　別：菊科

原 產 地：南美安地斯山脈

食用部分：塊根

常見型態：生鮮蔬菜‧乾燥蔬菜

☑ **重要成分**

| 果寡糖 | 多酚 | 膳食纖維 | 鉀 |

☑ **美麗POINT**

| 美肌‧美白 | 延緩老化 | 緩解便祕 | 幫助減肥 |

雪　　蓮果屬於根莖類蔬菜，原產於安地斯地區，當地人以長壽聞名於世。外觀與番薯相似，但番薯的地下莖儲存的是澱粉，而雪蓮果則是儲存果寡糖，熱量大約比番薯低1/2。果寡糖是大腸內比菲德氏菌等益菌繁殖的養分來源，有助於調整腸道環境。雪蓮果吃起來帶有甜味，由於甜味成分不容易在體內被消化分解，所以即使帶有糖分也難以轉化為能量，不易導致血糖上升，有助於減肥。除了含鉀等礦物質之外，還含有豐富的多酚。多酚具有抑制活性氧（導致老化的物質）的抗氧化作用，所以雪蓮果有助於延緩老化、預防生活習慣病。建議一天攝取約100g，有助於緩解便祕。雪蓮果富含水溶性膳食纖維，建議與富含非水溶性膳食纖維的豆類、根菜類等食材，以1：2的比例攝取，保健效果會更為顯著。

🥄 食用小叮嚀

雪蓮果可直接生吃，若作成沙拉，口感就像水梨般清脆美味。加熱會引出甜味，但不耐熱的果寡糖則會減少，建議盡量以快炒等短時間的加熱方式來烹煮。

🥤 DIY立即輕鬆享用

雪蓮果切細絲，加進納豆（富含非水溶性膳食纖維）中混合均勻，即可當作早餐。也可與優格或覆盆子混合，以攪拌器打成奶昔，優格富含乳酸菌，覆盆子則富含非水溶性膳食纖維，這道飲品很適合給關心腸道健康的你。

色澤迷人的美容聖品

火龍果 Dragon fruit

· RECIPE 》》 P.151 ·

味道清淡，
富含膳食纖維、鎂，
有助於養顏美容

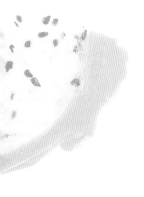

Data

學　　　名：*Hylocereus undatus*（白肉品種）

別　　　名：Pitaya、Pitahaya

科　　　別：仙人掌科

原 產 地：墨西哥‧中南美熱帶雨林

食用部分：果實

常見型態：水果

☑ **重 要 成 分**

膳食纖維　　鎂　　花色素苷　　葉酸

☑ **美 麗 POINT**

美肌‧美白　緩解便祕　延緩老化　預防貧血

火龍果屬於多肉植物，果形比酪梨稍大，在日本被視為仙人掌類水果，去皮後也可製成醬汁，在墨西哥等原產地的居民甚至會食用火龍果的花與葉。火龍果的糖分並非果糖，而是葡萄糖，甜味很清爽。進口的火龍果因考量運送時間，多半都是未成熟的果實，味道大多比較清淡，若選擇本地產的火龍果，比較能品嘗到完全成熟的甜味。膳食纖維大約是香蕉的2倍，有助改善腸道環境，緩解便祕，100g的火龍果只有50大卡，熱量很低，屬於優質的減肥食物。含有抗氧化的花色素苷（屬於多酚），以及貧血患者、懷孕女性所需的大量鐵與葉酸。鉀和鎂的含量也是水果中的佼佼者，有助於防止夏季熱衰竭、消除浮腫。

🥄 食用小叮嚀

對半切開就可挖食享用，若是完全成熟的果實，可縱切成4等分，徒手就能輕易剝除外皮。與富含維生素C的檸檬等柑橘類水果一起食用，有助於提升美容效果。如果不喜歡太熟的火龍果，請盡早食用完畢。

🥤 DIY立即輕鬆享用

低熱量又帶有清爽甜味，很適合當作沙拉的配料。含有大量造血所需的葉酸，建議貧血者或孕婦經常食用。食用紅色果肉的火龍果時，請注意避免讓紅色色素沾污衣服。

成分令人期待的不老莓

野櫻莓 Aronia berry

• 🎯 **RECIPE** ⟫⟫ **P.143** •

富含花色素苷與維生素，
有助於改善眼睛疲勞

Data

學　　名：*Aronia melanocarpa*

別　　名：黑莓（Black chokeberry）

科　　別：薔薇科

原 產 地：北美東部

食用部分：果實

常見型態：冷凍水果・乾燥粉末・生鮮水果

☑ **重要成分**

　花色素苷　　β-胡蘿蔔素　　β-隱黃素

☑ **美麗POINT**

　延緩老化　　幫助減肥　　預防生活習慣病　　美肌・美白

野櫻莓的果實直徑不到1cm，通常栽種於寒冷地區，屬於較常見的水果。在俄羅斯、保加利亞等東歐國家廣泛栽培，日本則種在北海道等地區。莓果有黑色和紅色品種，黑色可食用，紅色則用於觀賞。黑色的野櫻莓也被稱為「不老莓」，富含多酚，尤其花色素苷含量是藍莓的3倍，具強烈抗氧化作用。亦含有可抑制致癌物質的β-隱黃素，以及打造美肌不可欠缺的β-胡蘿蔔素，豐富的膳食纖維更是有助於調整腸道環境、促進排便順利。β-胡蘿蔔素與膳食纖維的含量極高，堪稱是小型果實中的佼佼者，有助於預防生活習慣病、抑制致癌物質。不論是果乾或100％的果汁都很容易購得。

食用小叮嚀

若希望提升美容、保健效果，建議食用無糖的冷凍莓果，或食用100％由野櫻莓冷凍乾燥加工而成的粉末。每天做伸展操等運動前後，建議食用野櫻莓，有助於提升輕微運動後的代謝率。

DIY立即輕鬆享用

每天的建議食用量是10至15顆。由於有澀味，建議與其他水果混合後打成果汁或果昔，會較容易入口。日本北海道也是產地，9月開始進入收穫季節，可於當地取得生鮮的野櫻莓。

自古埃及流行至今

虎堅果 Tiger Nuts

• RECIPE ⟩⟩⟩ **P.122** •

外觀看起來像堅果，
含有大量的膳食纖維，
有助於緩解便祕

Data

學　　名：*Cyperus Esculentus*

別　　名：鐵荸薺・黃土香

科　　別：莎草科

原 產 地：歐洲・北美

食用部分：塊莖

常見型態：乾燥蔬菜・歐洽塔（horchata）・乾燥粉末

☑ **重要成分**

油酸　　膳食纖維　　維生素E　　鐵

☑ **美麗POINT**

美肌・美白　　緩解便祕　　延緩老化　　幫助減肥

據說東歐在舊石器時代就已栽培虎堅果，由此可知虎堅果是極為古老的栽培作物。虎堅果的外觀和口感都像堅果，英文名中也有nuts，但它其實是像馬鈴薯一般的塊莖類蔬菜。微甜的虎堅果不屬於堅果，對堅果過敏的人可安心食用。若對於麵粉過敏，或實行生酮飲食，可以磨成粉末的虎堅果粉取代麵粉。在地中海沿岸通常會將虎堅果加工成稱為「歐洽塔」的飲料，如果對牛奶過敏，就可改為飲用這種飲料來補充營養。虎堅果很值得推薦給女性，含有各種保健成分，包括：1.油酸、維生素E，有助於美肌、延緩老化。2.非水溶性膳食纖維，有助於預防便祕和過度飲食。3.鉀，可促進水分代謝。4.鐵和葉酸，有助於預防貧血。

🍠 **食用小叮嚀**

膳食纖維的含量勝過杏仁，但以非水溶性膳食纖維為主，若食用過多，體內的水分可能會不足，易導致便祕惡化。每天建議食用8顆，請一定要一邊喝水一邊食用。可當成飯前的點心，容易有飽足感，可幫助減肥。

🥤 **DIY立即輕鬆享用**

建議稍微打碎後混入沙拉或穀片裡，一定要配水一起食用，並充分咀嚼。可將虎堅果浸在水中一晚，再以果汁機攪打後過濾，即可調製「歐洽塔」飲品。攪打飲品後所過濾的殘渣，可取代豆腐渣使用。

令人垂涎的豔紅色蔬菜
甜菜 Beet

Data

學　　名	*Beta vulgaris*
別　　名	Beetroot、Table Beet
科　　別	藜科
原 產 地	非洲北部、地中海沿岸
食用部分	根
常見型態	生鮮蔬菜、乾燥蔬菜、水煮

☑ **重要成分**
　一氧化氮　　　寡糖

☑ **美麗POINT**
　延緩老化　　　緩解便祕

・◎ RECIPE ⟫⟫ P.117 ・

甜菜含有豐富的一氧化氮，有助於軟化血管肌肉，可促進血液循環，幫助內臟、外部肌肉延緩老化。含有寡糖，有助於改善腸道環境，緩解便祕。

🍴 食用小叮嚀

為了避免甜菜的水溶性成分流失，入菜時請連同湯汁一起食用。

🥤 DIY立即輕鬆享用

將甜菜放入果汁機裡，加少許鹽巴、橄欖油、檸檬汁，最後盛至碗裡，即完成一道美味的西班牙冷湯。

香草植物女王
諾麗果
Noni

Data

學　　名	*Morinda citrifolia*
別　　名	橄樹
科　　別	茜草科
原 產 地	印度尼西亞・摩鹿加群島
食用部分	果實
常見型態	果汁（原液）

☑ **重要成分**
　維生素B群,C　　　賽洛寧原

☑ **美麗POINT**
　美肌・美白　　　延緩老化

・◎ RECIPE ⟫⟫ P.99 ・

諾麗果含有維生素B群、維生素C、賽洛寧原（Proxeronine，可活化細胞）、必需胺基酸（可提升代謝）等約140種的營養成分。製成果汁後，使之發酵會增加胺基酸，保健效果更好。

🍴 食用小叮嚀

一天建議食用100％果汁30至60ml，早晚約各1至2大匙。

🥤 DIY立即輕鬆享用

有些人會因為味道不佳而難以下嚥，可混合柑橘類等香氣強烈的果汁，比較能夠輕鬆飲用。

微甜，含有豐富的礦物質
椰子汁
Coconut Water

Data

學　　名：*Cocos nucifera*
科　　別：棕櫚科
原 產 地：菲律賓・馬來西亞
食用部分：果汁
常見型態：飲料

☑ **重要成分**
　　鉀　　　　鈣

☑ **美麗POINT**
　　幫助減肥　　改善浮腫

· RECIPE 》》 P.150 ·

椰子汁是未成熟果實內的透明液體，與椰奶並不相同。含豐富的鉀、鈣等礦物質，汁液與人體體液的滲透壓相近，人體很容易吸收其中的礦物質，可說是天然的運動飲料。

🌶 食用小叮嚀

能幫助身體降溫。如果體質虛寒，請避免過量飲用。

🥛 DIY立即輕鬆享用

建議飯前、用餐時飲用，能抑制脂肪吸收，有助於減肥。若覺得味道不佳，可加一些檸檬汁。

幫助預防失智
椰子油
Coconut Oil

Data

學　　名：*Cocos nucifera*
科　　別：棕櫚科
原 產 地：菲律賓・馬來西亞
食用部分：果肉（胚乳）
常見型態：油（約25℃開始凝固）

☑ **重要成分**
　　中鏈脂肪酸

☑ **美麗POINT**
　　預防生活習慣病　　延緩老化

· RECIPE 》》 P.108 · 124 ·

中鏈脂肪酸能在肝臟內直接轉變為酮體，成為腦部與體內神經細胞的能量來源，有助於預防失智症、去除活性氧、預防生活習慣病。含有具抗氧化作用的月桂酸，可提升免疫力與肌肉的屏障功能。

🌶 食用小叮嚀

每天建議食用2大匙。為了保留風味，請避免加熱至170℃以上。

🥛 DIY立即輕鬆享用

一天當中，建議分三餐攝取共2大匙的分量。可加在溫熱的湯品中飲用。

column 1

容易取得

日常の超級食物

日常生活中有很多常見的健康食材，保健效果很好，亦堪稱為超級食物。
請積極地把它們加入每天的飲食中吧！

番茄

茄紅素　預防生活習慣病

如太陽般火紅的蔬菜

番茄所含營養素中，最受矚目的就是茄紅素，有助於降低壞膽固醇、防止血液氧化，進而能促使血液流動順暢、防止動脈硬化，可預防生活習慣病。

酪梨

不飽和脂肪酸　美肌‧美白

滑順口感很受歡迎

有「森林中的奶油」之稱，富含不飽和脂肪酸，延緩老化效果令人期待。若與富含DHA而具美容效果的鮭魚、鮪魚一起食用，能幫助肌膚保持彈性、緊緻光滑。

薑

薑醇　促進血液循環

幫助改善血液循環

有助於改善虛冷體質，在日本、中國主要當作辛香料、生藥，備受重視。其辛辣成分薑醇有助於擴張血管，能促進血液循環，溫暖身體。

梅乾

檸檬酸　緩解疲勞

檸檬酸有助改善血液循環

「檸檬酸」是梅乾酸味的來源，有助於消除疲勞，建議在運動後食用。檸檬酸也有抗氧化作用，有助於延緩老化。由於鹽分含量較高，請避免過量食用。

糙米

植酸　預防生活習慣病

營養均衡的優良主食

糙米與精製白米最大的不同，即是保留了胚牙和米糠，含有維生素、鉀、膳食纖維等各種營養素。糙米的營養均衡，尤其富含植酸，具高度排毒作用，有助於美肌、預防浮腫和減肥。

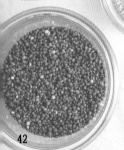

Part.**2**

超級食物事典
穀物·種子·堅果

藜麥、莧籽營養價值高，

可替代小麥、白米，

也被稱為「超級穀物」。

堅果類食物富含優良脂質與膳食纖維，

對於美容很有幫助，很適合當成零食。

堅果榨取的油脂也備受關注，

可運用在烹飪上，料理出美味佳餚。

NASA 高度關注的高營養價值穀物

藜麥
Quinoa

· RECIPE ⟩⟩ P.139 ·

富含膳食纖維＆礦物質，
有助於預防生活習慣病

Data

學　　名 ： *Chenopodium quinoa*

別　　名 ： Quínua・Kinwa

科　　別 ： 莧科

原 產 地 ： 哥倫比亞至玻利維亞的
　　　　　　安地斯山脈一帶

食用部分 ： 種子

常見型態 ： 乾燥種子（準穀物）

☑ **重要成分**

膳食纖維	鈣
鉀	鐵

☑ **美麗POINT**

幫助減肥	緩解便祕
延緩老化	預防貧血

藜麥產於高地，生長環境雨水少、日夜溫差大，生命力強。古印加帝國時期，藜麥的種子與玉米並稱為「穀物之母」，被視為既神聖又貴重的食物，據說當時的印加皇帝甚至以黃金鋤舉行播種的儀式。與白米相比，藜麥的營養價值高，熱量較低，蛋白質是白米的2倍，膳食纖維、鉀、鈣等含量都是6倍，鎂是7倍，鐵為9倍，必需胺基酸含量也比白米、小麥更為均衡，屬於「能量十足」的食物，有助於打造美肌、緩解便祕、預防貧血等。1990年代，NASA將之評價為理想的太空食物之一。由於藜麥食後不易使血糖上升，好萊塢明星們把它當作減肥食物，其知名度也因此大為上升。藜麥的營養均衡，富含膳食纖維和鈣質，有助於預防生活習慣病及更年期後的骨質疏鬆。

🍴 食用小叮嚀

以富含膳食纖維的藜麥取代白米當作主食，有助於減肥、維持健康。由於藜麥的表面含有帶苦味的皂素，請水洗後再進行料理，並搭配能提升鈣吸收、含維生素D的食材一起食用。市面上售有已去除皂素的產品，若怕吃到苦味可選購。

🥤 DIY立即輕鬆享用

沙拉

參考 P.154，以水煮或炊煮方式煮熟藜麥，可加入沙拉或湯品中食用。炒過的藜麥味道更香，帶有清脆的口感，加在白米裡一起炊煮，可作成雜糧飯。製作炸物時，裹上一些藜麥粉，可增加口感。

☑ *Local information*

自古受當地人喜愛的穀物

安地斯山脈自七千年前就有食用藜麥的記載。藜麥的穗有紅、白、黃、紫、黑等不同顏色，白色的藜麥最普遍。在產地，如玻利維亞、秘魯，藜麥基本上是料理湯品的食材，也會被用來製作義大利燉飯（Risotto）、麵包，或發酵後食用。

據說在玻利維亞，尤其是南部乾燥地區栽培的藜麥，營養價值比其他地方生產的更高。

色彩鮮豔的酸甜紅寶石

石榴籽
Pomegranate seed

· RECIPE 》》P.151 ·

有助於調節體內荷爾蒙，
對於女性而言是很優質的食物。
亦有助於強化血管、延緩老化

Data

學　　名：*Punica granatum*

別　　名：Pomegranate

科　　別：千屈菜科

原 產 地：美國・伊朗・土耳其・北非

食用部分：外種皮・果汁

常見型態：乾燥種子・水果・油

☑ **重要成分**

| 鉀 | 雌二醇 |
| 維生素B₁,C | 萘醌酸 |

☑ **美麗POINT**

| 美肌・美白 | 延緩老化 |
| 平衡荷爾蒙 | 改善浮腫 |

石榴籽就是石榴的種子，自古就有「女性的水果」之稱。女性從40歲起，體內的荷爾蒙就會開始減少，並引起更年期障礙、生活習慣病、自律神經失調、肥胖、肌膚與頭髮的老化等，石榴籽含有植物性荷爾蒙「雌酮」、「雌二醇」，有助於緩解上述的這些不適。有關女性荷爾蒙的症狀，如生理不順、PMS（經前症候群）、因不合理的減肥而導致的年輕性更年期等，石榴籽也有緩解之效。富含多酚、維生素、礦物質，石榴油中則含有不飽和脂肪酸「石榴酸」，屬於omega-5脂肪酸，有助於協助膠原蛋白生成，幫助強化細胞壁、血管的彈性，對皺紋、鬆弛、暗沉、斑點等伴隨年齡增加所產生的肌膚問題也有緩解之效。在日本很容易取得石榴，與果實一起乾燥的石榴籽也很常見。

食用小叮嚀

建議與無花果、葡萄一起食用，可幫助美肌、延緩老化。一般而言，攝取過量雌激素會破壞荷爾蒙平衡，但乾燥的石榴籽每100g只含有1mg的雌酮，適量食用可不必過於擔心。

DIY立即輕鬆享用

將冷凍乾燥的石榴籽加入沙拉、優格或穀片裡，可直接食用。以新鮮的石榴籽打果汁時，請連同硬籽一起攪打。

綜合穀片

Local information

慶賀佳節的鮮紅果實

美國加州是石榴的產地之一，當地一般家庭多將石榴加在沙拉、綜合穀片、優格等，或直接打成果汁飲用。每年石榴的收穫期正值感恩節、聖誕節、新年，所以當地人喜歡將這一種色彩鮮豔的美麗水果擺在餐桌上，為慶典增色。

加州產的石榴果實碩大，比日本產的大一倍以上。盛產期在11月，既甜又酸，分量十足。

營養豐富的南美洲種子

奇亞籽 Chia seed

· RECIPE 》》 P.108 · 128 · 143 · 147 · 150 ·

種子泡水會膨脹，
富含Omega-3脂肪酸

Data

學　　名：*Salvia hispanica*

科　　別：紫蘇科

原 產 地：墨西哥

食用部分：種子

常見型態：乾燥種子・油

☑ **重要成分**

Omega-3脂肪酸 ・ 9種必需胺基酸 ・ 鈣 ・ 膳食纖維

☑ **美麗POINT**

美肌・美白 ・ 緩解便祕 ・ 預防生活習慣病 ・ 幫助減肥

奇亞籽是奇亞（chia）的種子，產於墨西哥中部瓜達拉哈拉的廣大高地，有近似青紫蘇的小型紫色花。比芝麻還小顆的奇亞籽，無味、無香氣且容易食用，吸水後體積會膨脹10倍以上，有助於抑制食欲、緩解便祕。奇亞籽有黑色與白色之分，營養價值相同。含有必需胺基酸、鈣、植物性蛋白質，近年來受到鐵人三項等運動選手的歡迎。奇亞籽含有大量Omega-3脂肪酸，有助於活化腦部、預防生活習慣病。水溶性、非水溶性兩種膳食纖維的含量也很豐富，有助於緩解便祕。一天只要一大匙，就能達到日本厚生勞動省所建議的Omega-3脂肪酸攝取量。

🍵 **食用小叮嚀**

奇亞籽一大匙（約10g）就能攝取到一天所需的Omega-3脂肪酸。奇亞籽有硬殼，所以短時間加熱烹調時，Omega-3脂肪酸不容易受到破壞，但若是奇亞籽油則不宜加熱。請勿過量食用，以免拉肚子。

🥤 **DIY立即輕鬆享用**

將奇亞籽混合10至15倍的水，靜置15分鐘以上，待吸飽水分而膨脹，會變成柔軟的膠狀（參見

增加甜味

P.154）。可搭配低GI值（升糖指數）的龍舌蘭糖漿調製甜味，在飯前食用能夠防止過量飲食，也可混入優格裡，或加在醬汁、果汁裡食用，同時補充水分。

☑ *Local information*

帶著超級食物遠行

對墨西哥的原住民來說，奇亞籽是他們的生命之糧，是非常寶貴的種子。由於營養價值非常高，據傳以前必須遠距離旅行的人，例如使者、古阿特克戰士，都只攜帶奇亞籽和水移動。「奇亞（chia）」是馬雅語，有「力量」、「強壯」的意思。

奇亞籽無味無臭，容易調理，墨西哥人會將之撒在塔可餅上，或混入萊姆汁等飲料中，製成各種餐點。

略帶苦味的薄皮是珍寶

核桃 Walnut

· ⏱ RECIPE ≫ P.133 · 143 · 153 ·

含有優質的油脂與多酚，
全方位打造你的美麗

Data

學　　名	：	*Juglans ragia*
別　　名	：	胡桃
科　　別	：	胡桃科
原 產 地	：	古波斯（伊朗）
食用部分	：	果仁
常見型態	：	生鮮・烘烤・油

☑ 重要成分

Omega-3脂肪酸　　多酚

色胺酸　　膳食纖維

☑ 美麗POINT

預防生活習慣病　　預防失智

延緩老化　　助眠

人類食用核桃的歷史十分悠久，據說從西元前7000年就已開始。核桃在堅果類中，α-亞麻油酸（屬於Omega-3脂肪酸）含量特別高，因此被視為預防生活習慣病、強化血管機能的超級食物。核桃也富含色胺酸，有助於生成褪黑激素、安眠、減輕壓力，亦含鋅、鎂等成分，是美麗頭髮所不可欠缺的營養素。葉酸、膳食纖維的含量也很豐富，有助於減肥、緩解便祕。據說只要喝一杯以上的紅酒，並一起食用帶皮的核桃，就能攝取到有助於延緩老化的多酚。核桃容易取得，食用起來也很方便，但1顆就有27大卡，請不要食用過多。近年來，冷壓核桃油也已備受關注。

食用小叮嚀

一天的建議量為7至9顆，建議生吃，可讓核桃的Omega-3脂肪酸有效發揮保健作用。若對堅果過敏，請視自身狀況食用。可將一大匙左右的核桃油混入醬汁，也可用於炒菜。

DIY立即輕鬆享用

不要一次吃很多，每天攝取一些即可。若不喜歡帶皮核桃的苦味，可將無調味烘烤的帶皮核桃

浸漬蜂蜜

浸漬在蜂蜜裡，大約靜置一週後再食用，會變得較為可口。

☑ *Local infomation*

產地人大多生食核桃

西元1770年左右，核桃由弗朗西斯科教會的神父們帶到美國。一開始在加州南部的聖塔芭芭拉種植約一千株的核桃苗，隨著栽培地往北移，如今栽培的核桃樹數量已增加到八百五十萬株，足以供應世界近2/3的需求。

在日本一般都是吃烤過的核桃，在產地美國則大多直接生吃，或浸漬於楓糖漿中食用，也會混入綜合穀片裡享用。

含有優質的油脂

杏仁 Almond

· RECIPE 》 P.99 · 143 · 145 ·

含有豐富的維生素E，
有助於美肌、美白

Data

學　　名：*Prunus dulcis*

別　　名：杏核仁‧杏子

科　　別：薔薇科

原 產 地：亞洲西南部

食用部分：果仁

常見型態：生鮮‧烘烤‧油‧飲料（杏仁乳）

☑ **重 要 成 分**

> 維生素E‧B₂　不飽和脂肪酸　多酚　膳食纖維

☑ **美 麗 POINT**

> 美肌‧美白　緩解便祕　延緩老化　幫助減肥

在舊約聖經中，杏仁被視為健康食品，可見自古以來就受到人們的重視。我們所食用的部分是種子內的核仁。18世紀時，杏仁經西班牙傳教師傳到美國，現在加州已成為世界上最大的生產地。杏仁是維生素E含量最多的食物，由於維生素E具抗氧化作用，可抑制細胞的氧化，所以杏仁被視為美容聖品，能有效促進血液循環、抗氧化。杏仁亦含非水溶性膳食纖維、維生素B₂、不飽和脂肪酸，並可抑制促使老化的AGE（糖化終產物）生成，也有助於改善便祕、幫助減肥、打造美肌、延緩老化、緩解疲勞、預防生活習慣病、改善貧血、安定精神、安眠等。近來市面上售有冷壓的杏仁油，食用方式更為多元。

🥄 食用小叮嚀

一天的建議量為25至30顆，但請依個人情況做調整。由於熱量較高，所以要避免油炸或添加甜味，建議以原味烘烤為佳。杏仁的薄皮含有豐富的多酚，建議連皮食用。

🥤 DIY 立即輕鬆享用

生鮮的杏仁泡水後磨成杏仁乳，可取代牛奶用於製作拿鐵或果昔。過濾後膳食纖維雖然減少，但依然能夠攝取到維生素E、油酸等營養成分。請選擇無糖的產品。

高蛋白的超級穀物

莧籽 Amaranthus

· RECIPE ≫ P.119 · 130 ·

獲NASA認可的太空食物。
無麩質,具高營養價值

Data

學　　名：*A.hypochondriacus*

別　　名：Amaranth

科　　別：莧科

原 產 地：秘魯‧玻利維亞

食用部分：種子

常見型態：乾燥種子（準穀物）

☑ **重要成分**

生育三烯酚　膳食纖維　　鐵　　　鈣

☑ **美麗POINT**

美肌‧美白　幫助減肥　延緩老化　改善浮腫

莧籽是獲得NASA認可的太空食物，也被世界衛生組織（WHO）評價為「未來食物」。莧籽並不是稗、粟、黍等禾本科的穀物，而是被歸類為準穀物的「超級穀物」。由於不屬於穀物，不含麩質，所以對於小麥過敏者而言，可替代小麥等穀物作為主食。莧籽所含的生育三烯酚是一種維生素E，具有非常高的抗氧化作用，有助於美肌、延緩老化。亦富含可有效預防貧血的鐵、有益預防骨質疏鬆的鈣等，蛋白質的含量是白米的2倍，除了含有具排毒作用的甲硫胺酸、均衡的必需胺基酸之外，由於膳食纖維豐富，所以也可幫助預防肥胖、高血壓等生活習慣病，並緩解便祕。膳食纖維的含量將近萵苣的7倍，可與米混合炊煮，幫助緩解便祕與減肥。

🍴 食用小叮嚀

莧籽含有大量的必需胺基酸「離胺酸」，若與缺乏離胺酸的白米混合炊煮，就能變成胺基酸均衡的優良主食。莧籽加熱會出現白色絲狀物，那是它的胚芽部分，請安心食用。

🥤 DIY立即輕鬆享用

莧籽可水煮或烘烤食用。煮過的莧籽加入沙拉裡，吃起來的感覺就像庫斯庫斯（Couscous，煮法見P.154）。若以平底鍋乾煎1分鐘即可直接食用，建議也可加入麵團裡烘烤成麵包或餅乾。

微微感覺到米飯的香甜

米漿
Rice milk

· RECIPE ≫ P.132 ·

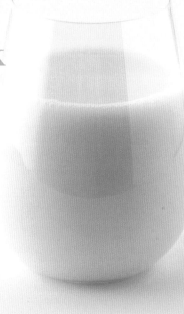

Data

學　　名：*Oryza sativa*
別　　名：牛奶3.0
科　　別：禾本科
原 產 地：中國南部山岳地區等
食用部分：種子
常見型態：飲料

☑ **重要成分**

碳水化合物　維生素E　膳食纖維

☑ **美麗POINT**

美肌・美白　緩解便祕　幫助減肥

米漿可分為兩種，一是將米粉泡水後過濾、調味製作而成，一是將糙米像甜酒般發酵後製成飲品。後者濃縮了糙米的營養，不但能攝取大量的維生素E、鎂、膳食纖維等，且低熱量、低脂肪、零膽固醇，有助於美肌、緩解便祕。

🍴 **食用小叮嚀**

米漿的鈣含量低，要記得補充其他含鈣食品。含有大量GABA（γ-胺基丁酸），具高放鬆效果，建議睡前飲用。

🥤 **DIY立即輕鬆享用**

建議搭配富含維生素的水果、蔬菜，或含有大量蛋白質的優格、堅果類混合製成果昔，並作為早餐飲用。可當作牛奶的替代品。

炒過的青麥香令人上癮

Freekeh 硬粒小麥

· RECIPE ≫ P.125 ·

Data

學　　名：*Triticum aestivum*
科　　別：禾本科
原 產 地：中東‧地中海沿岸
食用部分：種子
常見型態：穀物（乾燥）

☑ **重要成分**

膳食纖維　維生素E　鐵　鉀

☑ **美麗POINT**

緩解便祕　延緩老化　幫助減肥

將 提前採收的小麥焙煎、乾燥後即成為硬粒小麥。由於低麩質、低糖且富含蛋白質、膳食纖維，緩解便祕、減肥時很適合作為主食。維生素E、鐵、鉀的含量也很高，有助於美肌、排毒。

 食用小叮嚀

減肥時，可試著以硬粒小麥取代米飯作為主食。若加入配料製成蒸飯之類的料理，營養會更均衡。

 DIY立即輕鬆享用

硬粒小麥與水以1：2的比例放入鍋中，加入一小撮天然鹽，開中火，沸騰時轉小火繼續加熱約10分鐘後熄火，硬粒小麥飯即完成。

57

幫助預防腦部退化

紫蘇籽油
Perilla seed oil

• ⚙RECIPE >> P.107 • 109 •

Data

學　　名：*Perilla frutescens*
別　　名：紫蘇油
科　　別：紫蘇科
原 產 地：東南亞
食用部分：種子
常見型態：油

☑ **重要成分**

Omega-3脂肪酸

☑ **美麗POINT**

預防生活習慣病　預防失智　延緩老化　緩解過敏

　　紫蘇自古就是亞洲常見的食用蔬菜，從紫蘇的種子壓榨出來的油品相當優質，含有現代飲食生活中容易缺乏的Omega-3脂肪酸。Omega-3脂肪酸有助於預防失智與生活習慣病、延緩老化、緩解花粉症、美肌。

🥄 **食用小叮嚀**

每日攝取量大約1大匙。由於Omega-3脂肪酸不耐熱，請直接淋在食材上，或涼拌，或當醬汁使用。開封後請放在冰箱中保存。

🥤 **DIY立即輕鬆享用**

在味噌湯、納豆、澆蛋汁白飯等料理中加入紫蘇籽油，可增添風味。也可當基底醬汁淋在沙拉上。

富含Omega-3脂肪酸
深受女性歡迎

亞麻籽
Flaxseed

· $\mathcal{G}$RECIPE 》》 P.106・114 ·

Data

學　　名：*Linum usitatissimum*
別　　名：亞麻仁
科　　別：亞麻科
原 產 地：中亞
食用部分：種子
常見型態：烘烤・油

☑ 重要成分

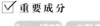

Omega-3脂肪酸　木酚素　膳食纖維

☑ 美麗POINT

延緩老化　平衡荷爾蒙　緩解便秘

　　麻的種子就是「亞麻籽」，從
種子榨取出的油就稱為「亞麻
籽油」。富含現代人容易缺乏的
Omega-3脂肪酸，可幫助延緩老化，
請在日常飲食中積極攝取。亞麻籽也
富含木酚素、膳食纖維等；木酚素屬
於多酚，可幫助調整女性荷爾蒙。

食用小叮嚀

烘烤的亞麻籽每天建議食用2大匙，亞麻籽油則是1
大匙。Omega-3脂肪酸不耐光、熱，請避免加熱
調理，開封後要放在冰箱裡保存。

DIY立即輕鬆享用

可將亞麻籽浸泡在同分量的水中數小時，再打成果
昔飲用。也可磨碎亞麻籽，再撒在沙拉等料理上。
亞麻籽油通常可作成醬汁，或於料理的最後步驟淋
在其他食材上。

世界最小的穀物
具有優秀的營養價值

苔麩 Teff

· RECIPE 》》 P.98 · 126 ·

Data

學　　名：*Eragrostis tef*
科　　別：禾本科
原 產 地：衣索比亞
食用部分：種子
常見型態：穀物 · 粉末

☑ 重要成分
膳食纖維　　鐵　　　鈣

☑ 美麗POINT
緩解便秘　美肌 · 美白　幫助減肥　預防生活習慣病

苔麩是禾本科植物中最小的穀物，自古就栽種在非洲北部，在當地大多磨成粉，並如同麵粉般使用。富含鐵、鈣，有助於提高肌肉的代謝率、免疫力。不含麩質，含有大量可調整腸道環境的膳食纖維，適合減肥時食用。

食用小叮嚀
無法直接生食，以原始顆粒狀直接烹調後即可食用。加入白米中炊煮可補充白米中含量不足的鐵、膳食纖維。基本的炊煮方式請參考P.155。

DIY立即輕鬆享用
由於是非常細小的穀物，可直接加入麵糊中煎焙成美式鬆餅。不含麩質，且能提升飽足感，推薦減肥時食用。

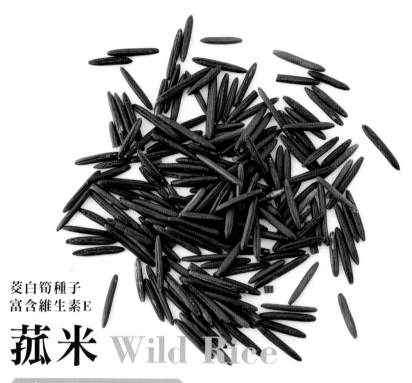

菱白筍種子
富含維生素E

菰米 Wild Rice

· ⏱ RECIPE ≫ P.113 · 135 ·

Data

學　　名：*Z. aquatica*
別　　名：野米
科　　別：禾本科
原 產 地：東亞·東南亞
食用部分：種子
常見型態：乾燥種子

☑ **重要成分**

維生素E　　鐵　　膳食纖維

☑ **美麗POINT**

美肌·美白　緩解便祕　延緩老化　預防貧血

菰 米不是米，而是多年草本植物菱白筍的種子。低脂肪、低熱量，可當主食食用，含豐富的維生素E，有助於延緩老化、美肌。富含膳食纖維、鐵，有助於緩解便祕、改善貧血。

🍴 食用小叮嚀

不含麩質，很適合作為小麥的替代品。加在湯中燉煮可增加飽足感，還能充分攝取到湯品中的水溶性營養成分。

🍚 DIY立即輕鬆享用

將菰米與水以1：4的比例炊煮，或以1：3的比例放在鍋中，開大火煮至沸騰，再蓋上鍋蓋以小火煮約30分鐘後熄火（請參見P.155）。

散發清爽的香氣
綠咖啡 Green coffee

Data

學　　名：*Coffea arabica*
別　　名：生咖啡豆
科　　別：茜草科
原 產 地：衣索比亞‧剛果
食用部分：種子
常見型態：粉末‧生豆

☑ **重要成分**
　　綠原酸　　　咖啡因

☑ **美麗POINT**
　　幫助減肥　　預防生活習慣病

將 生咖啡豆經過脫水處理後即是「綠咖啡」，由於未經烘焙，所以不耐熱的綠原酸能夠完整地保留下來。綠原酸有助於抑制葡萄糖吸收。

🍴 食用小叮嚀
減肥時期，可於餐前飲用，幫助抑制醣類吸收。

🥤 DIY立即輕鬆享用
以100ml的熱水沖泡2至3小匙粉狀綠咖啡，燜3分鐘後即可飲用。

「印加寶石」富含Omega-3脂肪酸
印加果
Sachainch

Data

學　　名：*Plukenetia volubilis*
別　　名：印加花生
科　　別：大戟科
原 產 地：秘魯‧亞馬遜河流域
食用部分：種子
常見型態：油‧烘烤堅果‧粉末

☑ **重要成分**
　　Omega-3脂肪酸　　維生素E

☑ **美麗POINT**
　　延緩老化　　預防生活習慣病

· 🍴RECIPE ⟫ P.109 ·

印 加果屬於堅果，外形像星星，可從種子榨油或研磨成粉末。印加果油含有Omega-3脂肪酸，有助於預防生活習慣病等，其中的維生素E則有助於延緩老化。

🍴 食用小叮嚀
一日建議攝取約1大匙油。同時含有豐富的Omega-3脂肪酸和維生素E，所以具有抗氧化力，短時間加熱調理也沒問題。

🥤 DIY立即輕鬆享用
印加果油（Inca inchi oil）可加在優格或味噌湯裡食用。

從大麻種子中萃取優質脂肪酸

大麻籽
Hemp seed

Data

學　　名：*Cannabis sativa*
別　　名：火麻仁
科　　別：大麻科
原 產 地：中亞
食用部分：種子
常見型態：油・乾燥種子

☑ **重要成分**
　Omega-3脂肪酸　　γ-次亞麻油酸

☑ **美麗POINT**
　幫助減肥　　緩和過敏

RECIPE >>> P.106・109・121

大麻籽是大麻的種子，從中可榨取出大麻籽油，其中80%的成分為必需脂肪酸。由於Omega-3脂肪酸、Omega-6脂肪酸、γ-次亞麻油酸的含量均衡，有助於緩解發炎、紓解過敏症狀。

食用小叮嚀

每日建議攝取1大匙大麻籽油。Omega-3脂肪酸不耐熱，請直接食用。

DIY立即輕鬆享用

可混在果昔、優格、飲料，或加入味噌湯、其他湯品中食用。

以大麻籽為原料的爽口飲料

大麻籽奶
Hemp milk

Data

學　　名：*Cannabis sativa*
別　　名：大麻奶
科　　別：大麻科
原 產 地：中亞
食用部分：種子
常見型態：飲料

☑ **重要成分**
　Omega-3脂肪酸　　色胺酸

☑ **美麗POINT**
　美肌・美白　　幫助放鬆

RECIPE >>> P.152

將大麻籽泡水、研磨，過濾後製成植物奶，不含膽固醇。除了富含有助於放鬆的色胺酸、有助於燃燒脂肪的白胺酸等必需胺基酸之外，還有豐富的Omega-3脂肪酸、維生素。

食用小叮嚀

不可加熱調理，每日建議飲用200ml。蛋白質豐富且熱量高，請勿過量飲用。

DIY立即輕鬆享用

帶有微微的牛奶香氣，很順口，可作為牛奶的替代品加在穀片裡。

餐桌上常見的豆類

鷹嘴豆
Chickpea

· ⚙ RECIPE ››› P.110 · 138 ·

Data

學　　名：*Cicer arientium*

別　　名：雪蓮子·雞豆

科　　別：豆科

原 產 地：土耳其南東部

食用部分：種子

常見型態：乾貨·水煮豆

☑ **重要成分**
　維生素B₁、B₆　　膳食纖維

☑ **美麗POINT**
　緩解便祕　　幫助減肥

含有維生素B₁、B₆，有助於代謝熱量、緩解疲勞、預防生活習慣病。富含非水溶性纖維，有助於緩解便祕，容易讓人有飽足感，減肥時建議食用。鐵、銅、葉酸等含量也很豐富，有助於預防貧血。

🧂 **食用小叮嚀**

搭配含維生素C的食物，可提升營養的吸收率。水煮作法請參考P.155。

🥤 **DIY立即輕鬆享用**

與含水溶性纖維的牛蒡、菇類一起作沙拉，營養會更均衡，可提升保健效果。

可直接食用或製成麵條

蕎麥籽
Buckwheat's seed

Data

學　　名：*Fagopyrum esculentum*

別　　名：蕎麥米

科　　別：蓼科

原 產 地：中國南部

食用部分：種子

常見型態：穀物（乾燥）

☑ **重要成分**
　維生素B群　　芸香苷

☑ **美麗POINT**
　幫助減肥　　預防生活習慣病

蕎麥籽是帶殼的種子，是蕎麥麵的原料。含有芸香苷，可幫助促進血液循環、預防生活習慣病。維生素B群的含量比米、小麥多，可幫助新陳代謝。

🧂 **食用小叮嚀**

每天建議食用100至200g。若與蔬菜一起食用，蔬菜中的維生素C能強化芸香苷的抗氧化作用。

🥤 **DIY立即輕鬆享用**

將事先煮軟的蕎麥籽分裝後冷凍保存，製作義式燉飯、沙拉時就能立刻使用。

Part.3

超 級 食 物 事 典

葉 · 根
Leaves & Roots

生活中常見的食材，

如羽衣甘藍、綠茶等，

也屬於「超級食物」。

辣木有「奇蹟之樹」的稱呼，

瑪卡生長在高海拔的嚴酷環境，

這些植物自古就與人類的生存息息相關，

是重要的保健食物。

原產於北印度的奇蹟之樹

辣木 Moringa

• RECIPE ⟫ P.103 •

葉子、花能製成茶，
種子可榨油，堪稱萬能植物

學　　名：*Moringa oleifera*

別　　名：山葵木

科　　別：辣木科

原 產 地：北印度・斯里蘭卡・菲律賓

食用部分：葉・花・種子

常見型態：乾燥粉末・茶葉・油

☑ **重要成分**

> 蛋白質　　膳食纖維
>
> GABA　　鈣

☑ **美麗POINT**

> 幫助減肥　　延緩老化
>
> 緩解便秘　　緩解疲勞

辣木的豆莢、葉子、種子、莖、花、根等全部都有用處，連樹幹也能當建材使用。在原產地印度、斯里蘭卡，辣木被稱為可預防三百種疾病的「藥箱之樹」，自五千年前就是印度、斯里蘭卡傳統醫學阿育吠陀所使用的生藥。辣木的葉子具有綠茶般的風味，含有九十種以上的營養素，其中，減肥時不可或缺的維生素B₂、GABA、鈣、多酚等含量豐富，亦含維生素、礦物質、蛋白質等多樣化的營養素，很適合作為成長期的孩子、運動選手的營養食品。有助於促進新陳代謝，有「奇蹟之樹」之稱。近年來，以其葉子製成的粉末、茶葉很受歡迎，從辣木種子榨取的辣木籽油也備受推崇。

🍴 **食用小叮嚀**

若正在服用脈化寧（Warfarin）等抗凝血劑，為免影響藥效，請務必向醫生諮詢後再決定是否食用。含有孩子成長必要的營養成分，建議產後、哺乳中的女性可於日常飲食中攝取。

🥤 **DIY 立即輕鬆享用**

可將辣木粉溶於開水中，或加入牛奶、豆漿、蔬果汁、味噌湯、各種湯品裡。由於維生素A、E是

蔬果汁

脂溶性的成分，也可混入麵團裡，加熱製成鬆餅、麵包等。

☑ *Local information*

自古以來就受人喜愛

在產地印度、斯里蘭卡，辣木的葉子和種子、豆莢常被當成香料，用來調味咖哩、湯品等。種子除了炒食之外，也能榨取出優質的辣木油。辣木油自古就被當作香水原料、肌膚保養與藥用油使用。

辣木的花朵小巧、呈白色。由於豆莢看起來像太鼓棒，也被稱為「鼓槌樹」。

生長於高地的多年生植物

瑪卡 Maca

· RECIPE 》》 P.102 · 116 ·

有助於平衡荷爾蒙、
維持肌膚健康，
是美人不可不知的超級食物

Data

學　名：*Lepidium meyenii*

別　名：秘魯人蔘

科　別：十字花科

原 產 地：秘魯

食用部分：根莖

常見型態：乾燥粉末

☑ **重要成分**

| 鈣 | 精胺酸 |
| 鐵 | 脯胺酸 |

☑ **美麗POINT**

| 預防虛冷 | 平衡荷爾蒙 |
| 美肌・美白 | 緩解疲勞 |

瑪卡是類似蕪菁的根莖植物，乾燥後可製成粉末，口感像黃豆粉。傳說印加帝國的戰士們吃了瑪卡之後，就變得驍勇善戰。歷史上，瑪卡雖然通常被認為適用於男性，但其實對女性來說，瑪卡也是很好的超級食物。其中含有鐵，有助於改善虛寒體質、預防貧血；含有脯胺酸，屬於構成膠原蛋白的成分之一；含有必需胺基酸中的精胺酸，可促進成長荷爾蒙的分泌與新陳代謝，幫助打造美肌、緩解疲勞；富含維生素、鈣，有助於強化骨骼、提升免疫力。想要增強體力，或覺得疲倦時，建議食用。市面上能購買到粉末等產品。

🥄 食用小叮嚀

瑪卡含碘，甲狀腺疾病患者禁用，若對十字花科食品過敏也不可食用。可加熱調理，多用於鬆餅、法式濃湯等。

🥤 DIY立即輕鬆享用

瑪卡粉的味道近似黃豆粉，微甜，建議可與優格、綠色蔬菜等一起攪打，作成果昔飲用。也可加入咖哩飯等料理中食用。

蔬果昔

☑ *Local information*

高海拔的強健食物

瑪卡的栽種地海拔4500公尺，空氣稀薄、紫外線強烈、早晚溫差極大，屬於在嚴酷環境（胡寧大區）中成長的強健食物。在產地，經常可見流動攤商、藥局等處販售著瑪卡，它是秘魯人生活中的一部分。

瑪卡的收穫期長達三年，採收後曝曬兩個月，乾燥後就能加工成粉末，濃縮了豐富的營養成分。接著土地需要長達七年的休耕期，才能恢復種植瑪卡所需的地力。

植物糖蜜比砂糖還甜

龍舌蘭糖漿
Agave syrup

· ✎ RECIPE ≫ P.153 ·

不易使血糖上升，
很適合減肥時期食用

Data

學　　名	：*Agave tequilana*
別　　名	：龍舌蘭蜜
科　　別	：龍舌蘭科
原 產 地	：墨西哥
食用部分	：根莖
常見型態	：糖漿

☑ **重要成分**

　菊糖

☑ **美麗POINT**

　緩解便祕　　預防生活習慣病
　幫助減肥

龍舌蘭是龍舌蘭酒的原料，近似蘆薈，而龍舌蘭糖漿則是取其鱗莖所製成。龍舌蘭的鱗莖須栽種7至8年，長到直徑70至80cm、重量達30至40kg時，就能採收。採收時，會使用一種特殊農具，以手工作業一株一株挖起來，再加工成糖漿。這種糖漿也會被用於製作龍舌蘭酒。由於龍舌蘭糖漿含大量果糖，甜度大約是砂糖的1.3倍，少量就能產生很甜的味覺，所以只要控制使用量，減肥期間是很優秀的代糖選擇。它的GI值為17，比其他糖類低，血糖值上升緩慢，有助於預防糖尿病等生活習慣病。含有水溶性膳食纖維「菊糖」，對改善便祕也有幫助。

🍴 **食用小叮嚀**

即使是低GI的糖，一樣要避免過度攝取。料理時可用來替代普通的糖，但甜度很高，務必少量使用。

🥤 **DIY立即輕鬆享用**

可取代一般的糖，甜味清澄、無異味，容易與不同食材搭配。若搭配含膳食纖維的飲品（蒲公英咖啡、熱可可）一起食用，會更有助於緩解便祕。

加入飲品中

☑ *Local information*

墨西哥是主要產地

墨西哥從16世紀起就栽種龍舌蘭且視其為寶物，只要走到墨西哥市區，各店家都會擺出很多的龍舌蘭糖漿、龍舌蘭酒，有時會夾雜便宜的商品，在品質上有魚目混珠的情形，所以請選擇標示100％Agave、價位較高的產品。因加熱時間、溫度不同，成品顏色的濃淡也不一樣。

顏色淡的甜味較淡，顏色深的甜味較濃郁。從左起分別是extra dark、dark、amber、light、extra light。

具透明感的水嫩植物

蘆薈 Aloe vera

· RECIPE 》》 P.119 ·

抗菌力強，
具排毒作用，
有助於排出體內毒素

Data

學　　名：*Aloe vera*

科　　別：百合科

原 產 地：阿拉伯半島南部・北非・加那利群島
維德角共和國

食用部分：葉肉

常見型態：生鮮・糖漿漬・乾燥・果汁

☑ **重要成分**

蘆薈甘露聚糖　　皂素　　蘆薈素　　黏液素

☑ **美麗POINT**

幫助減肥　　緩解便祕　　延緩老化　　預防生活習慣病

蘆薈有「植物界醫生」之稱，屬於多肉植物，多應用於醫藥上。在民間療法中，多用於治療燒燙傷、胃痛。據說，埃及豔后也利用蘆薈來美容。蘆薈含有蘆薈甘露聚糖、皂素、蘆薈素等，這些成分會減少中性脂肪，並促進新陳代謝，對自律神經的安定、預防生活習慣病有幫助。果凍狀的葉肉中含有豐富的黏性物質「黏液素」，黏液素的排毒作用很強，有助於打造美肌、延緩老化、緩解便祕、抗病毒、抗腫瘤、改善血液循環等。蘆薈的種類很多，可當藥用的品種是木立蘆薈（Aloe arborescens）和純種蘆薈（Aloe vera，也稱為翠葉蘆薈），也能用於化妝品。木立蘆薈很苦，純種蘆薈的葉厚且無苦味，市售食用蘆薈大多是純種蘆薈（生鮮、乾燥、加工品）。

食用小叮嚀

食用生鮮的葉肉時，先去皮後，果凍狀部分的食用上限通常是每日15g。外用時，由於含有草酸鈣，有時候皮膚會產生騷癢，使用前請先進行貼膚測試（patch test）。

DIY立即輕鬆享用

大量取得生鮮的蘆薈葉時，可浸漬蜂蜜或製成蘆薈酒。將蘆薈切碎後，裝在經過煮沸消毒的瓶子裡，加入足以浸滿蘆薈的蜂蜜、白酒。蜂蜜漬蘆薈放在冰箱冷藏，可保存一個月左右。

解決蔬菜攝取不足的問題

大麥若葉
Barley grass

富含膳食纖維與礦物質，
有助於預防生活習慣病

Data

學　　　名：*Hordeum vulgare*

別　　　名：大麥苗

科　　　別：禾本科

原 產 地：中亞

食用部分：嫩葉

常見型態：乾燥‧粉末‧飲料（青汁）

☑ **重要成分**

膳食纖維　　　鈣　　　鐵　　　β-胡蘿蔔素

☑ **美麗POINT**

預防生活習慣病　延緩老化　預防虛冷　緩解便秘

大麥是最古老的食用作物，在日本主要製成麥茶、味噌、啤酒等，以收成穀物為主。大麥尚未結穗前的葉子，就是大麥若葉。大麥若葉多半製成粉末、萃取物等，並沖泡成青汁飲用，含有鈣、鐵、鎂、蛋白質等成分，有助於造血、促進血液循環，若有貧血、虛冷、失眠等症狀，建議飲用。亦含有豐富的膳食纖維，可幫助改善腸道環境，維生素C、β-胡蘿蔔素的含量也高，有助於緩和眼睛疲勞、提升免疫力。這些營養素也與預防生活習慣病有關，其香味也可幫助放鬆精神。大麥若葉與羽衣甘藍不同，如抹茶般好喝順口，沒有草腥味，能輕鬆飲用。

🍵 食用小叮嚀

大麥若葉多半以粉末、飲料等形式販售，也有製成青汁後冷凍的產品。由於含有脂溶性維生素、少量咖啡因，不宜過量攝取。食用前請詳閱包裝上的說明，適量攝取。

🍶 DIY立即輕鬆享用

有抹茶般的香氣，與米漿、豆漿等混合就變成抹茶拿鐵，加蜂蜜會更為可口。建議購買有機的大麥若葉，或選擇未經加熱處理的冷凍乾燥粉狀產品。

葉子帶有苦味

羽衣甘藍 Kale

· RECIPE 》》P.99 ·

· RECIPE 》》P.99 ·

Data

學　　名：*Brassica oleracea var. acephala*
別　　名：無頭甘藍
科　　別：十字花科
原 產 地：地中海沿岸
食用部分：葉子
常見型態：乾燥粉末‧
　　　　　飲料（青汁）等

☑ 重要成分

維生素K　膳食纖維　葉酸

☑ 美麗POINT

預防生活習慣病　延緩老化

羽衣甘藍也是大家熟知的青汁原料，它其實是高麗菜的原始品種。含有鈣、維生素C、E，還含有豐富的葉酸、膳食纖維。不但有助於預防生活習慣病、延緩老化，也可幫助緩解失眠、眼疾。

🍴 食用小叮嚀

加入水果、蜂蜜後，就會變得順口。如果正在服用抗凝血劑脈化寧，為了避免食用羽衣甘藍後會減弱藥效，請務必諮詢醫生後再決定是否食用。

🥤 DIY立即輕鬆享用

將羽衣甘藍葉加入豆漿或牛奶、水果、蜂蜜中，一起打成果昔。也可將粉末加入鬆餅麵糊裡，烘烤後就是美味的點心。可選擇比較不苦的品種。

日本人最熟悉的茶

綠茶
Green Tea

Data

學　　名：*Camellia sinensis*
科　　別：山茶科
原 產 地：印度‧越南
　　　　　中國西南部
食用部分：葉
常見型態：茶葉‧飲料

☑ **重要成分**

兒茶素　　茶胺酸　　咖啡因　　維生素C‧E

☑ **美麗POINT**

美肌‧美白　　延緩老化　　預防生活習慣病

綠　茶中的兒茶素有助於降低血中膽固醇、體脂肪，具抗氧化作用，能有效預防生活習慣病、延緩老化。綠茶還富含具燃脂效果的咖啡因，能夠安定精神的茶胺酸，維生素C、E的含量也不少，有助於美肌、美白。

🍴 食用小叮嚀

建議餐前飲用，能提升抑制食慾的效果。第一泡茶才攝取得到維生素C，不要輕易掉倒。由於含咖啡因，若有失眠問題，或懷孕、哺乳中的女性，請注意攝取量。

🥤 DIY立即輕鬆享用

減肥時建議喝溫熱的綠茶，而不是冷涼的綠茶。身體溫暖、新陳代謝才會變好。

超級食物選購指南

購買超級食物時，要選擇能信賴的店家。產品應標示有明確的原產國、原材料、營養成分，且建議選擇有機產品。購入粉末產品時，請選擇未經加熱處理且營養成分濃縮的冷凍乾燥產品。

進口食品店

近年來有愈來愈多的進口食品店，這些店家售有不少的超級食物。奇亞籽、藜麥等在社區內的超市內也很常見，也可至有機商店詢問。

線上購物

網路上也有愈來愈多販售超級食物的電商，十分方便。請不要貪求便宜的價格，購買前要審慎考慮，應選擇足以信賴的商家，產品的原料、成分等必要資訊皆應清楚標示。

本書介紹的超級食物這裡買！

生活の木

官方網站 https://www.treeoflife.co.jp
門市
原宿表參道店
〒150-0001 東京都澀谷區神宮前6-3-8 Tree of life
※生活の木在日本有120家直營店店鋪。
請在上述網址中確認欲前往的店鋪。

（編按：目前不接受海外訂單）

本書所使用的生活の木商品：100%有機巴西莓粉（P.20）、100%有機卡姆果粉（P.22）、100%有機馬基莓粉（P.24）、有機黃金莓（P.26）、有機枸杞（P.28）、藜麥（P.44）、石榴籽（P.46）、有機奇亞籽、有機白奇亞籽（P.48）、有機核桃油（胡桃油，P.50）、莧籽（P.54）、有機紫蘇籽油（P.58）、有機亞麻籽油（亞麻仁油，P.59）、100%有機辣木粉（P.66）、100%有機瑪卡粉（P.68）、有機龍舌蘭糖漿（P.70）、100%有機羽衣甘藍粉（P.76）、100%有機螺旋藻粉（P.80）、紐西蘭產UMF認證麥蘆卡蜂蜜（P.82）、100%有機可可粉（P.92）。
※其他還有夏威夷果等本書未刊載的超級食物。

Part.4

超級食物事典

各種能量好食

Others

麥蘆卡蜂蜜具有特殊的抗菌成分，

螺旋藻等藻類食物營養成分豐富，

他們都是不可忽視的超級食物。

日本傳統的發酵食品不只美味，

同時也發揮著很好的保健功能。

作為香料使用的小茴香、薑黃等，

也等著你一起來認識。

30億年前就存在的螺旋狀藻類

螺旋藻 Spirulina

· 🎯 RECIPE 》》 P.99 ·

富含蛋白質，
也含有所有人體必需的胺基酸，
保健效果令人期待

Data

學　　名：*Spirulina platensis*
科　　別：螺旋藻科
原 產 地：中非・中南美湖泊區
食用部分：全體
常見型態：乾燥粉末

✓ 重要成分

| 9種必需胺基酸 | 鐵 |
| 維生素B₁,B₂ | 蛋白質 |

✓ 美麗POINT

| 美肌・美白 | 緩解便秘 |
| 延緩老化 | 預防貧血 |

螺旋藻生長於非洲、中南美鹼性鹽水湖、沼澤等區域。名稱源自拉丁語中的sprina（意為螺旋，英語spiral）。大約30億年前就誕生在地球上，可說是所有動植物的起源，兼具動物與植物雙方的特徵。營養十分均衡，堪稱是蛋白質的寶庫，相對於雞里肌肉的27％，螺旋藻的蛋白質含量大概有70％，而且含有人體內無法合成的所有9種必需胺基酸。富含能在體內轉化為維生素A的β-胡蘿蔔素，如果平時蔬菜攝取量不足，建議食用。亦含鐵、維生素E，有助於預防貧血、抗氧化。市面上大多是粉末狀產品。

🥢 食用小叮嚀

含有維生素K，如果醫囑須控制維生素K攝取量，請勿過量攝取。若正在服用抗凝血劑脈化寧，也請注意藥效減弱的情形。

🥤 DIY立即輕鬆享用

風味近似海苔，除了加在果昔裡食用，也常運用在和食中，可加入味噌湯、撒在大阪燒上，或當作握壽司的頂飾。加在果昔或優格裡可增添色彩。

加入味噌湯中

☑ *Local infomation*

熱帶地區很普遍的食物

螺旋藻生長在熱帶的鹼性鹽湖。鹽湖周邊的居民，自古就會採集螺旋藻，曬乾後食用，將之視為珍貴的蛋白質來源。目前在美國、臺灣、印度等地均有人工栽培，已推廣至世界各國。

螺旋藻是一種藻類，栽培溫度須在30℃以上。培養池會呈現出螺旋藻的鮮綠色。

營養滿分的琥珀色蜂蜜

麥蘆卡蜂蜜
Manuka honey

• 🎯 **RECIPE** >>> P.147

具有超強的抗菌效果，
也能抗發炎

Data

學　　名：*Leptospermum scoparium*

科　　別：桃金孃科

原 產 地：紐西蘭

食用部分：麥蘆卡樹的花蜜

常見型態：蜂蜜

☑ **重要成分**

獨麥素　　甲基乙二醛

☑ **美麗POINT**

美肌・美白　　延緩老化

預防感冒　　預防生活習慣病

麥蘆卡樹只生長於紐西蘭，麥蘆卡樹大概在11月至1月期間開花，花期大概只有一個月，蜜蜂從這種花採得的寶貴花蜜就是麥蘆卡蜂蜜。麥蘆卡蜂蜜有UMF（Unique Manuka Factor）等認證標章，認證依據是「甲基乙二醛」的含量。德勒斯登工業大學的湯姆斯（Thomas Henle）教授發現，麥蘆卡蜂蜜中含有甲基乙二醛這種抗菌成分，並以此鑑別純正的麥蘆卡蜂蜜。UMF蜂蜜協會是另一個認證單位，以麥蘆卡獨特成分「獨麥素Leptosperin」等作為評級標準，這個成分是由日本兵庫縣立大學加藤陽二教授所發現。選購時，請務必確認產品的純度與安全性，並選擇有得到認證的麥蘆卡蜂蜜。麥蘆卡蜂蜜中的甲基乙二醛有助於預防口腔潰瘍等口腔疾病、胃腸疾病、感冒等。

🍳 **食用小叮嚀**

每日建議攝取1小匙。一歲以下孩童不可食用，避免因肉毒桿菌而食物中毒。已知麥蘆卡蜂蜜比一般蜂蜜耐熱。

🥄 **DIY立即輕鬆享用**

麥蘆卡蜂蜜有助於打造美麗肌膚，被稱之為「吃的護膚聖品」。除了直接食用之外，還可

1小匙就足夠

加進牛奶、香草茶等飲料中，或用以調味堅果，也可塗抹在吐司、法國麵包上。

☑ *Local information*

原住民的常備良藥

在紐西蘭原住民毛利族遷居此地之前，麥蘆卡樹就生長在此。在毛利語中，Manuka意指「療癒之樹」、「復活之樹」。從毛利族時期到現在，麥蘆卡蜂蜜除了是當地家庭取代糖的常備食品之外，也被用於預防角炎、感冒、蛀牙。

一隻蜜蜂一生中能產製的蜂蜜只有半小匙，紐西蘭養蜂人家十分敬重這些蜜蜂。

味道像培根的海藻
掌狀紅皮藻 Dulse

· 🎯 RECIPE ≫ P.113 · 134 ·

具抗氧化力，
含豐富的天然礦物質，
有助於提升代謝&促進血液循環

學　　　名：*Palmaria palmata*

科　　　別：掌形藻科

原 產 地：北大西洋

食用部分 ：葉子

常見型態 ：乾燥

☑ **重要成分**

| 蝦紅素 | 膳食纖維 | 碘 | 褐藻糖膠 |

☑ **美麗POINT**

| 緩解便祕 | 延緩老化 | 改善虛冷 | 預防生活習慣病 |

據記載，西元6世紀時愛爾蘭的修道士聖科倫巴（Saint Columba）發現了這種紅色海藻，長期以來一直是歐洲北部居民的食物。在日本北海道也有部分地區食用這種紅藻。富含蝦紅素，這種天然色素擁有比維生素C更強的抗氧化力。蝦紅素在新鮮狀態下呈現紅色，一加熱就會變成綠色。蝦紅素可防止膽固醇氧化，並有助於緩解疲勞。有豐富的維生素B$_1$、C與鈣、鋅、碘、海藻酸等礦物質、蛋白質、褐藻糖膠、膳食纖維等，不但有助於提升基礎代謝、促進血液循環、美肌、延緩老化、改善虛冷，還能幫助降低膽固醇、改善腸道環境，預防或緩解便祕，幫助減肥，同時也是防癌、預防生活習慣病的優質保健食物。

🍶 食用小叮嚀

掌狀紅皮藻的碘含量高，每日食用1g乾燥的掌狀紅皮藻就已足夠。由於會促進甲狀腺分泌、提升代謝，如果有甲狀腺疾病必須先向醫生諮詢。

🥤 DIY立即輕鬆享用

與海帶芽等海藻類一樣，泡水膨脹後就能作成沙拉、醋物、味噌湯、炒菜。據說，油炸後會有培根香味（對日本人來說可能更像海苔的味道）。建議揉碎後撒在沙拉上食用。

淡淡的楓糖漿香甜味

楓樹汁
Maple Water

· RECIPE >>> P.149 ·

**透明清澈的樹汁，
富含大量維生素，
美容效果值得期待**

Data

學　　名：*Acer saccharum*

科　　別：無患子科

原 產 地：加拿大東部

食用部分：樹汁

常見型態：飲料

☑ **重 要 成 分**

菸鹼酸　　ABA（離層酸）　　多酚　　鉀

☑ **美 麗 POINT**

美肌・美白　　延緩老化　　預防生活習慣病　　幫助減肥

楓 樹汁就是楓樹的樹汁，加拿大的原住民自古以來就喝楓樹汁來幫助維持健康。將楓樹汁慢慢熬煮至剩下1/40的分量，就變成楓糖漿。楓樹汁含有豐富維生素、菸鹼酸，有助於肌肉代謝、美肌、美髮。據説其中所含的ABA（Abscisic acid，離層酸）植物性激素有降低血糖值、強化免疫的效果。亦含有能幫助改善浮腫的鉀、多酚、維生素B群、鈣、鎂等礦物質，目前已知的成分達45種以上。楓樹汁帶有微微的甜味，一杯只有14大卡，熱量低且零脂質，減肥時可安心飲用。

🍳 食用小叮嚀

建議一天一杯，最好選擇100％純粹且有機的產品。有助於電解質的補充，很適合在運動後、夏天休閒時飲用。冷凍或加熱調理皆可，不會有破壞營養素的問題。

🥤 DIY立即輕鬆享用

許多模特兒會將水果浸在水中，製成排毒水，能有效攝取水溶性維生素，若將水換成楓樹汁，則能製作出更具美容效果的排毒水。

蜜蜂辛苦製作的營養花粉

蜂花粉 Bee pollen

· 🎯 RECIPE ⟫ P.140 ·

營養價值極高，
有助於改善花粉症

Data

別　　　名：Ambrosia（神的食物）

食用部分：花粉（蜜蜂以其唾液的酵素轉化製成）

常見型態：食用花粉

☑ **重要成分**

維生素A,B群,C,E　22種胺基酸　酵素　類黃酮

☑ **美麗POINT**

美肌·美白　緩解便祕　延緩老化　預防生活習慣病

蜜蜂採花粉時，會從體內分泌轉化酵素混入花粉，再將混合後的團狀物帶回蜂巢。由於有這種酵素，人體才能吸收花粉的營養。自古以來，人類便知道花粉的營養價值，並將之稱為「賜予生命之粉」，據說埃及豔后也經常食用。蜂花粉含有18種維生素（包括維生素A、C、葉酸等）、多種礦物質（包括鈣、鎂、鐵、鉀等）、22種人體能製造的胺基酸，還含有可幫助消化的澱粉酶、過氧化氫酶等酵素，芸香苷、類黃酮等許多營養素也在其中，被稱之為「完美食物」。由於這些成分，使得蜂花粉具有抗過敏作用，可幫助改善花粉症、氣喘，並有助於延緩老化、緩解便祕、預防貧血、提升免疫力、養身健體、美容。

🍠 食用小叮嚀

不耐熱，請勿加熱食用。購買時請選擇有機產品。蜂花粉並非引發花粉症的來源，不會有過敏性休克的疑慮，若曾被蜜蜂螫過，則請先諮詢醫師。一歲以下的孩童不可食用，避免因為肉毒桿菌而食物中毒。

🥛 DIY立即輕鬆享用

蜂花粉會因蜜蜂採集的花朵種類而呈現不同風味，營養成分也會不一樣。加入優格、穀片中食用相當美味。一天建議食用1小匙左右。

帶有小茴香微辛辣的風味

黑孜然籽
Black cumin seed

· RECIPE >>> P.124 ·

萬能辛香料，
埃及法老圖坦卡門之愛用品

Data

學　　名：Nigella Sativa

別　　名：印度洋蔥籽・黑種草籽・黑籽

科　　別：毛茛科

原 產 地：印度・巴基斯坦

食用部分：種子

常見型態：完整顆粒・粉狀香料・油

☑ **重要成分**

| 維生素B₁,B₂,E | 百里醌 | 鈣 |

☑ **美麗POINT**

| 美肌・美白 | 延緩老化 | 幫助減肥 | 預防生活習慣病 |

黑孜然籽是一年生草本植物黑種草的種子，會開可愛的藍色花，這種辛香料在東南亞多用於料理之中，具有獨特的香氣。自古羅馬時代起，藥效就備受重視，據說「可治療除了死亡之外的任何疾病」。含有「百里醌」，已知有改善免疫系統的作用。含有維生素B₁、B₂、E、菸鹼酸、葉酸，以及鐵、鈣等礦物質，有助於改善皮膚病、延緩老化、預防生活習慣病。從黑孜然籽所榨取的油具有優異的護膚效果，且加熱也不易氧化，能長期保存。在埃及法老圖坦卡門的木乃伊中，就發現有黑孜然籽油成分，可知自古以來即受到重視。黑孜然籽油也可作為護膚、護髮油使用。

食用小叮嚀

不論是黑孜然籽或黑孜然籽油，每天建議食用1小匙即可。為了易於消化吸收，黑孜然籽要磨成粉末。加入果昔等飲品中之前，要先以研缽或胡椒研磨罐磨碎，或吸收水分變軟後，再以攪拌器打碎。屬於辛香料，可加熱調理。

DIY立即輕鬆享用

黑孜然籽磨細後就可當成辛香料使用，任何以咖哩粉製作的料理都很適合加入黑孜然籽，可增添料理風味。黑孜然籽油可煮湯、作成沙拉的調味料，或加入以蔬菜為主的果昔中。

香醇濃郁令人身心放鬆

可可
Cacao

· ⏱RECIPE 》》P.143 ·

Data

學　　名：*Theobroma cacao*
科　　別：錦葵科
原 產 地：中南美洲
食用部分：種子（胚乳）
常見型態：乾燥粉末・碎粒

☑ **重要成分**
| 可可多酚 | 可可鹼 | 鎂 | 膳食纖維 |

☑ **美麗POINT**
| 延緩老化 | 幫助放鬆 | 預防生活習慣病 | 集中注意力 |

將 可可豆的胚乳以低溫乾燥，碾碎後就是可可粒（cacao nibs），磨得更細就是可可粉，作為香料使用。可可含有多酚，能幫助延緩老化、預防生活習慣病；鎂能夠活化體內酵素；可可鹼則有助於調整自律神經、帶來放鬆效果。

🍫 食用小叮嚀

可可鹼能幫助調整自律神經。睡前吃一片巧克力（可可含量70％以上），或1小匙的可可粉，有助於放鬆身心。

🥤 DIY立即輕鬆享用

建議搭配具飽足感的香蕉作成果昔，有助於減肥、緩解便祕。也可手工製作可可含量高的巧克力。

獨特的黏稠口感

納豆
Natto

Data

學　　名：無（此為加工食品）
科　　別：原料大豆屬於豆科
食用部分：將大豆以納豆菌發酵製成
常見型態：發酵食品

☑ **重要成分**
　[納豆激酶]　[維生素B群]

☑ **美麗POINT**
　[美肌・美白]　[預防生活習慣病]

• RECIPE ⟫⟫ P.136 •

納 豆含有納豆激酶、維生素B群、精胺
酸、鎂、大豆異黃酮等，除了有助於
美肌、延緩老化之外，對於便祕、生理不
順、壓力、腦部老化、生活習慣病、骨質疏
鬆症等也有緩解作用。

🍳 **食用小叮嚀**

納豆激酶不耐熱，請避免長時間加熱調理。

🥤 **DIY立即輕鬆享用**

一天建議食用50g。淋在米飯上，或搭配泡菜
等都很美味。

充滿熟成的甘味與鮮味

味噌
Miso

Data

學　　名：無（此為加工食品）
科　　別：原料大豆屬於豆科
食用部分：大豆・小麥・
　　　　　米（加入麴與鹽後發酵製成）
常見型態：發酵調味料

☑ **重要成分**
　[酵素]　[蛋白質]

☑ **美麗POINT**
　[延緩老化]　[預防生活習慣病]

• RECIPE ⟫⟫ P.125・126・131・153 •

味 噌富含酵素、蛋白質、必需胺基酸，
除了能幫助預防生活習慣、美肌、延
緩老化、活化腦功能之外，對癌症、胃潰瘍
也有預防之效。平常可多喝些味噌湯。

🍳 **食用小叮嚀**

加熱到50℃以上會破壞味噌的酵素，請避免過度
加熱。料理湯品時，一加入味噌就要立刻熄火。

🥤 **DIY立即輕鬆享用**

味噌湯一天可喝一杯以上。加入鉀含量高的蔬
菜、海藻，比較容易排出過多的鹽分。

印度料理不可欠缺的辛香料

薑黃 Turmeric

· 🍳 RECIPE ⟫ P.136 ·

Data

學　　名	*Curcuma longa*
別　　名	鬱金・乙金・黃薑・姜黃
科　　別	薑科
原 產 地	印度
食用部分	根莖
常見型態	粉末辛香料

☑ **重要成分**

> 薑黃素　　甜沒藥薑黃醇

☑ **美麗POINT**

> 幫助減肥　　改善宿醉

🍲 **食用小叮嚀**

每日建議食用1小匙薑黃粉。據説會促使子宮收縮，所以哺乳中或孕婦請務必注意，不可過量攝取。

🥤 **DIY立即輕鬆享用**

將優格、鹽巴、薑黃、黑胡椒與煮熟的豆類均勻混合，可作成沙拉或薑黃飯。

自古以來，薑黃就是印度阿育吠陀的常用生藥。薑黃素是一種多酚，能防止脂肪細胞分裂，所以有助於減肥。甜沒藥薑黃醇的抗氧化作用則能有效改善宿醉。

日本的傳統發酵飲料

甘酒 Amazake

· 🍳 RECIPE ⟫ P.107 ·

Data

學　　名	無（此為加工食品）
別　　名	醴・一夜酒
科　　別	原料米屬於禾本科
食用部分	米與米麴發酵後製成
常見型態	飲料

☑

> 維生素B群　　酵素

☑ **美麗POINT**

> 幫助減肥　　緩解疲勞

🍲 **食用小叮嚀**

建議每日飲用一杯。甘酒的熱量不低，請避免過量飲用。

🥤 **DIY立即輕鬆享用**

含有葡萄糖，容易產生飽足感，適合作為早餐或點心，有助於減肥。

甘酒含有豐富的營養，也被稱為「喝的點滴」，可以補充身體所需的能量。富含維生素B群、酵素等，對美容、減肥、緩解疲勞十分有幫助。若以水溶解酒粕製成的甘酒，營養成分相異，不具上述保健效果。

Part.**5**

超級食物食譜

Super Food Recipes

讓超級食物來提升你的「美力」吧!

依照食譜,沒有繁複工序,

你也可以輕鬆作出可口美食,

果昔、沙拉、醃漬物、義大利麵、飯、點心……

請在每日三餐中加入超級食物,

一起維護體內健康,

由內而外美麗起來!

Smoothies

再忙，每天早上也要來一杯
簡易混搭風の美麗果昔 × **9**

·Recipe·
___ **03** ___
苔麩果昔
{ P.98 }

·Recipe·
___ **01** ___
馬基莓白桃
豆漿優格果昔
{ P.98 }

·Recipe·
___ **02** ___
巴西莓豆漿果昔
{ P.98 }

·Recipe·
05
羽衣甘藍菠菜果昔
〔 P.99 〕

·Recipe·
04
螺旋藻果昔
〔 P.99 〕

·Recipe·
06
諾麗果杏仁果昔
〔 P.99 〕

Recipe 01 | smoothie

幫助減肥	舒緩眼睛疲勞
緩解便祕	平衡荷爾蒙

馬基莓白桃豆漿優格果昔

材料・2人份

馬基莓粉·····1大匙	優格（無糖）·····80g
白桃·····½個	豆漿（無調整）·····100ml
綜合莓果（冷凍）·····60g	蜂蜜·····½大匙
檸檬汁·····2小匙	冰·····40g

作法

1　白桃去皮、去籽後切成適當大小，放入果汁機。

2　將其他所有材料也放入果汁機，攪打至滑順即完成。

Recipe 02 | smoothie

美肌・美白	預防貧血
延緩老化	緩解疲勞

巴西莓豆漿果昔

材料・2人份

巴西莓粉·····1大匙	藍莓·····½杯（60g）
奇異果·····1個	覆盆子·····½杯（60g）
草莓·····5至8顆（60g）	豆漿（無調整）·····300ml

作法

1　奇異果去皮後切成適當大小。草莓去掉蒂頭。

2　將所有材料放入果汁機，攪打至滑順即完成。

Recipe 03 | smoothie

美肌・美白	平衡荷爾蒙
延緩老化	

苔麩果昔

材料・2人份

苔麩粉·····1小匙	水·····100ml
胡蘿蔔·····⅓根	檸檬汁·····少許
蘋果·····½個	蜂蜜·····1小匙
番茄·····½個	

作法

1　胡蘿蔔與蘋果去皮。蘋果去籽後切成一口大小，番茄則帶皮切成一口大小。

2　將所有材料放入果汁機，攪打至無塊狀、質地滑順即完成。

Recipe
04 | smoothie

預防貧血　提升免疫力
延緩老化

螺旋藻果昔

材料・2人份

螺旋藻粉⋯⋯⋯⋯⋯⋯⋯1大匙
小松菜⋯⋯⋯⋯⋯⋯⋯⋯⋯ 2株
白菜葉⋯⋯⋯⋯1至2片（100g）
鳳梨（果肉）⋯ 3至4大片（80g）
香蕉⋯⋯⋯⋯⋯⋯⋯⋯⋯ 1根

100%蘋果汁⋯⋯⋯⋯⋯⋯ 150ml
蜂蜜⋯⋯⋯⋯⋯⋯⋯⋯⋯1小匙
豆漿（無調整）⋯⋯⋯⋯⋯100ml

作法

1　小松菜、白菜、鳳梨、香蕉分別切成適當大小。

2　將所有材料放入果汁機，攪打至滑順即完成。

Recipe
05 | smoothie

緩解便秘　延緩老化
預防生活習慣病

羽衣甘藍菠菜果昔

材料・2人份

羽衣甘藍粉⋯⋯⋯⋯⋯⋯⋯1大匙
菠菜⋯⋯⋯⋯⋯⋯⋯⋯⋯ ½把
香蕉⋯⋯⋯⋯⋯⋯⋯⋯⋯ 1根

優格（無糖）⋯⋯⋯⋯⋯⋯ 50g
100%橘子汁⋯⋯⋯⋯⋯⋯ 200ml

作法

1　菠菜充分洗淨後去除根部，再切成2cm小段。香蕉去皮後切成適當大小。

2　將香蕉、優格、菠菜、羽衣甘藍粉、橘子汁依序放入果汁機，攪打至滑順即完成。

Recipe
06 | smoothie

幫助減肥　緩解便秘
預防生活習慣病

諾麗果杏仁果昔

材料・2人份

諾麗果（100%原汁）⋯⋯⋯2小匙
杏仁乳⋯⋯⋯⋯⋯⋯⋯⋯200ml
鳳梨（果肉）⋯⋯ 4大片（100g）

檸檬汁⋯⋯⋯⋯⋯⋯⋯⋯2小匙
香草精（可省略）⋯⋯⋯⋯ 適量

作法

1　將所有材料放入果汁機，攪打至滑順即完成。

^{Recipe}
07

smoothie

| 美肌・美白 | 緩解疲勞 |
| 緩解便祕 | 提升免疫力 |

卡姆果香蕉
咖啡果昔

自製香醇滑順的咖啡牛奶，
品嘗卡姆果與香蕉的風味

材料・2人份

卡姆果粉 ⋯⋯⋯⋯⋯ 2小匙
香蕉⋯⋯⋯⋯⋯⋯⋯⋯ 2根
牛奶⋯⋯⋯⋯⋯⋯⋯⋯400ml
即溶咖啡（顆粒）⋯⋯⋯ 2小匙

作法

1 香蕉去皮後切成適當大小。

2 將所有材料放入果汁機，攪
　打至滑順即完成。

※懷孕、哺乳中的女性，可使用無
咖啡因材料（蒲公英咖啡、巧克
力）取代咖啡。

Camu camu

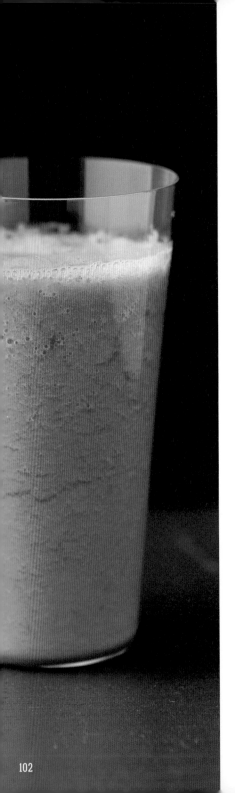

Recipe

08

smoothie

| 緩解疲勞 | 預防虛冷 |
| 平衡荷爾蒙 | 幫助減肥 |

瑪卡番茄果昔

番茄帶有柔和酸味，
瑪卡則有著如黃豆粉般的風味

材料·2人份

瑪卡粉········· 1小匙	橘子················· 1個
番茄·········· 中型2個	薑················· 1小塊
西洋芹············· ½根	

作法

1 番茄切成月牙形。西洋芹切大段。橘子去皮
　（保留內層白膜）、去籽。

2 將所有材料放入果汁機，攪打至滑順即完成。

Maca

| 幫助減肥 | 延緩老化 |
| 美肌·美白 | 緩解疲勞 |

辣木黑芝麻豆漿果昔

辣木搭配黑芝麻，
口感濃稠又滑順

材料·2人份

辣木粉………… 2小匙	黑芝麻粉………… 2大匙
酪梨…………… 1個	豆漿（無調整）·· 300ml
香蕉…………… 1根	

作法

1 酪梨去皮、去籽，香蕉去皮，分別切成適當大小。

2 將辣木粉、香蕉、黑芝麻粉、豆漿放入果汁機，攪打至滑順後再放入酪梨，輕輕攪打均勻即完成。

Dressings & Salads

10種醬料＋**3**種沙拉，
輕鬆享受美味的健康沙拉

Recipe
10

大麻籽莎莎醬
{ P.106 }

Recipe
14

椰子油異國風味醬
{ P.108 }

Recipe
11

亞麻籽中式醬料
{ P.106 }

Recipe
12

紫蘇籽油洋蔥醬
{ P.107 }

Recipe
13

甘酒蘋果醬
{ P.107 }

Recipe
15
椰子咖哩醬
〔 P.108 〕

Recipe
16
奇亞籽柑橘醬
〔 P.108 〕

Recipe
17
印加果法式醬
〔 P.109 〕

Recipe
18
大麻籽巴薩米克醋醬
〔 P.109 〕

Recipe
19
紫蘇籽油梅醬
〔 P.109 〕

※醬料若無法一次食用完畢，請裝在保存容器裡放入冰箱，並於一週內食用完畢

Recipe
10 | dressing 🍶

幫助減肥	預防生活習慣病
美肌・美白	延緩老化

大麻籽莎莎醬

材料・易製作的分量

大麻籽油⋯⋯⋯⋯⋯⋯⋯⋯⋯⋯⋯4大匙
小番茄⋯⋯⋯⋯⋯⋯⋯⋯⋯⋯⋯⋯3個
洋蔥（磨成泥）⋯⋯⋯⋯ 1/8個（25g）
大蒜（磨成泥）⋯⋯⋯⋯⋯⋯⋯ 1/2瓣
番茄醬⋯⋯⋯⋯⋯⋯⋯⋯⋯⋯⋯2大匙
Tabasco辣醬⋯⋯⋯⋯⋯⋯⋯⋯2小匙
五香辣椒粉⋯⋯⋯⋯⋯⋯⋯⋯ 1/2小匙
檸檬汁⋯⋯⋯⋯⋯⋯⋯⋯⋯⋯⋯1小匙

作法

1 除了大麻籽油之外，其他材料放入
　果汁機，攪打均勻。

2 將攪打好的材料與大麻籽油放入碗
　裡，以湯匙均勻攪拌後即完成。

Recipe
11 | dressing 🍶

延緩老化	幫助減肥	平衡荷爾蒙
美肌・美白	緩解便祕	預防虛冷

亞麻籽中式醬料

材料・易製作的分量

亞麻籽油⋯⋯⋯⋯⋯⋯⋯⋯⋯⋯1大匙
蔥白⋯⋯⋯⋯⋯⋯⋯⋯⋯⋯⋯⋯4cm
薑（磨成泥）⋯⋯⋯⋯⋯⋯⋯1小塊
大蒜（磨成泥）⋯⋯⋯⋯⋯⋯ 1/2瓣
純正芝麻油⋯⋯⋯⋯⋯⋯⋯⋯4大匙
醋⋯⋯⋯⋯⋯⋯⋯⋯⋯⋯⋯⋯⋯2大匙
醬油⋯⋯⋯⋯⋯⋯⋯⋯⋯⋯⋯⋯1大匙
鹽巴⋯⋯⋯⋯⋯⋯⋯⋯⋯⋯⋯ 1/2小匙

作法

1 將蔥白切末。

2 將所有材料放入碗裡，以湯匙均勻
　攪拌後即完成。

Recipe 12 | dressing

延緩老化	預防失智
幫助減肥	緩解過敏

紫蘇籽油洋蔥醬

Perilla seed oil

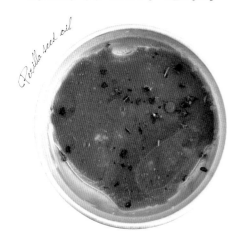

材料・易製作的分量

紫蘇籽油························	4大匙
洋蔥（磨成泥）·········	¼個（50g）
蘋果·····························	⅙個（50g）
檸檬汁·························	1大匙
大蒜·····························	1瓣
柚子醋醬····················	2大匙

作法

1 將磨成泥的洋蔥放入耐熱容器裡，覆蓋保鮮膜後，放至500W微波爐中，加熱40秒後取出，不撕掉保鮮膜，放涼。

2 蘋果去皮、去籽後磨成泥，與檸檬汁充分混合均勻。

3 將步驟2的材料放入碗裡，加入步驟1的洋蔥，再加入大蒜、柚子醋醬、紫蘇籽油，充分混合均勻後即完成。

Recipe 13 | dressing

預防生活習慣病	緩解疲勞
預防虛冷	

甘酒蘋果醬

Amazake

材料・易製作的分量

甘酒（米麴釀製的純甘酒）·····	4大匙
巴薩米克醋·························	2大匙
鹽巴・胡椒·······················	各少許
橄欖油·····························	1大匙
蘋果（磨成泥）·················	1大匙

作法

1 將甘酒、巴薩米克醋、鹽巴、胡椒放入碗裡，拌勻。

2 再加入橄欖油，拌勻。最後加入蘋果泥，攪拌均勻即完成。

Recipe
14 | dressing

幫助減肥　預防生活習慣病　預防失智
緩解便祕　美肌・美白

椰子油異國風味醬

材料・易製作的分量

椰子油……………………2大匙　　甜辣醬（市售）……………1大匙
蘋果醋……………………3大匙　　魚露………………………1大匙
檸檬汁……………………2大匙　　砂糖………………………2小匙

作法

1　椰子油置於常溫，使其恢復成液體狀。

2　將所有材料放入碗裡，充分拌勻即完成。

Recipe
15 | dressing

美肌・美白　幫助減肥　預防失智
促進食慾　預防生活習慣病

椰子咖哩醬

材料・易製作的分量

椰子油……………………2大匙　　鹽巴………………………少許
咖哩粉……………………1小匙　　蜂蜜………………………1小匙
砂糖………………………2小匙　　顆粒芥末醬………………適量
醋…………………………2小匙

作法

1　椰子油置於常溫，使其恢復成液體狀。

2　將所有材料放入碗裡，充分拌勻即完成。

Recipe
16 | dressing

美肌・美白　預防生活習慣病
緩解便祕　幫助減肥

奇亞籽柑橘醬

材料・易製作的分量

奇亞籽……………………2小匙　　砂糖………………………1小匙
葡萄柚……………………½個　　鹽巴………………………少許
橄欖油……………………3大匙　　粗粒黑胡椒………………少許
白酒醋……………………3大匙

作法

1　參考P.154，先將奇亞籽泡發至½杯。葡萄柚去皮、去薄膜、去籽，取
　用果肉。

2　將所有材料放入碗裡，充分拌勻即完成。

Recipe

17 | dressing

幫助減肥
預防生活習慣病

印加果法式醬

材料 · 易製作的分量

印加果油··················4大匙
白酒醋··················3大匙
砂糖··················2小匙

顆粒芥末醬（或第戎芥末醬）
··················1小匙
鹽巴··················少許
粗粒黑胡椒··················少許

作法

1 將所有材料放入碗裡，充分拌勻即完成。

Recipe

18 | dressing

幫助減肥　　預防生活習慣病
美肌·美白　　緩解便祕

大麻籽巴薩米克醋醬

材料 · 易製作的分量

大麻籽油··················4大匙
巴薩米克醋··············1又½大匙
醬油··················2小匙
洋蔥（磨成泥）······⅛個（25g）

大蒜（磨成泥）··············½瓣
砂糖··················1小匙
鹽巴··················少許
粗粒黑胡椒··················少許

作法

1 將所有材料放入碗裡，充分拌勻即完成。

Recipe

19 | dressing

幫助減肥　　美肌·美白
預防生活習慣病　　延緩老化

紫蘇籽油梅醬

材料 · 易製作的分量

紫蘇籽油··················2大匙
梅乾··················1顆
青紫蘇葉··················6片
白芝麻（炒過）··············2小匙

麵味露（3倍濃縮還原）······1大匙
醋··················2大匙
開水··················2大匙

作法

1 梅乾去籽、切末。青紫蘇葉切末。

2 將所有材料放入碗裡，充分拌勻即完成。

Recipe
20

 salad

| 預防生活習慣病 | 緩解便祕 |
| 幫助減肥 | 改善浮腫 |

雙豆酪梨沙拉

搭配辣味莎莎醬，
享受美味＆促進身體排毒

材料・2人份

鷹嘴豆（水煮罐頭）⋯⋯⋯⋯⋯ 70g
章魚（燙熟）⋯⋯⋯⋯⋯⋯⋯⋯ 70g
酪梨⋯⋯⋯⋯⋯⋯⋯⋯⋯⋯⋯⋯1個
彩椒（紅色）⋯⋯⋯⋯⋯⋯⋯⋯ ⅓個
小黃瓜⋯⋯⋯⋯⋯⋯⋯⋯⋯⋯⋯1條
紫洋蔥⋯⋯⋯⋯⋯⋯⋯⋯⋯⋯⋯ ½個
雞蛋⋯⋯⋯⋯⋯⋯⋯⋯⋯⋯⋯⋯2顆
紅腎豆（水煮罐頭）⋯⋯⋯⋯⋯ 50g
玉米薄餅（市售）⋯⋯⋯⋯⋯ 適量
大麻籽莎莎醬（→P.106）⋯⋯ 適量

作法

1 章魚切成1cm大小。酪梨去皮、去籽，彩椒去籽，分別切成1cm小丁。小黃瓜也切成1cm小丁。

2 紫洋蔥去皮，切成5mm碎末。

3 將恢復常溫的雞蛋放入滾沸的熱水中，煮9至10分鐘後熄火。取出雞蛋，泡至冰水中冷卻後去殼，每顆蛋切成8等分。

4 將步驟1至3的材料與鷹嘴豆、紅腎豆、玉米薄餅一起盛裝在容器裡，最後淋上大麻籽莎莎醬即完成。

Recipe 21

salad

預防生活習慣病
緩解便祕

綠花椰超級芽菜＋
掌狀紅皮藻豆腐沙拉

口感清脆的美味健康沙拉

材料 · 2人份

綠花椰超級芽菜	1袋
掌狀紅皮藻（乾燥）	10g
絹豆腐	½塊
萵苣葉	4片
京都水菜	1株
去殼毛豆	40g
洋蔥薯片（市售）	適量
紫蘇籽油梅醬（→P.109）	適量

作法

1 綠花椰超級芽菜切成容易食用的小段。參考P.155，將掌狀紅皮藻泡發，並切成容易食用的大小。

2 豆腐切成2cm小丁，萵苣葉撕成容易食用的大小，京都水菜切成2cm小段。

3 將步驟1至2的材料、去殼毛豆盛裝在食器裡，最後撒上洋蔥薯片、淋上紫蘇籽油梅醬即完成。

Recipe 22

salad

美肌·美白
延緩老化
預防貧血
幫助減肥

菰米香菜沙拉

帶有嚼勁的菰米絕對是亮點

材料 · 2人份

菰米	2大匙
（事先煮熟，約⅔杯）	
蒸雞胸肉※	1塊
香菜	4株
胡蘿蔔	½根
西洋芹	½根
紫洋蔥	¼個
杏仁片（市售）	適量
椰子油異國風味醬	
（→P.108）	適量

作法

※蒸雞胸肉
水200ml、酒4大匙、鹽巴¼小匙、雞胸肉1塊（100g）放入鍋中加熱，煮沸後轉小火，繼續加熱3分鐘後熄火，蓋上鍋蓋靜置，冷卻至人體體溫，將雞胸肉盛裝在器皿裡，瀝除水分後撕碎。

1 參考P.155，事先將菰米煮熟備用。

2 香菜切成2cm小段。胡蘿蔔去皮後切絲，西洋芹切薄片。紫洋蔥去皮後切薄片，泡水5分鐘後瀝乾水分。

3 將步驟1至2的材料、蒸雞胸肉放入食器裡拌勻，最後撒上杏仁片、淋上椰子油異國風味醬即完成。

Main Dishs & Meals

23 | main dish

美肌・美白	緩解便祕
平衡荷爾蒙	

醋香醬炒番茄牛肉

軟嫩的牛肉搭配＋輕甜的番茄，
加入巴薩米克醋的酸味，造就令人難忘的好滋味

材料・2人份

亞麻籽油…………… 1大匙	迷迭香………………… 1枝
蘑菇………………… 6朵	鹽巴………………… 少許
A ┌ 巴薩米克醋……… 2大匙	粗粒黑胡椒…………… 少許
├ 醬油……………… 1大匙	
└ 蜂蜜……………… 2小匙	
橄欖油……………… 2小匙	
牛腿肉（切薄片）……… 200g	
小番茄……………… 8個	

作法

1　蘑菇對半縱切。將材料**A**放入碗裡拌勻。

2　平底鍋裡抹上橄欖油，放入牛肉、小番茄、蘑菇、迷迭香，以中火拌炒。

3　牛肉炒至半熟時加入拌勻的**A**，收乾水分時熄火。最後倒入亞麻籽油，並以鹽巴、黑胡椒調味即完成。

Recipe
24

main dish

預防虛冷
平衡荷爾蒙

綠花椰菜肉餅
佐瑪卡醬

以香醇的瑪卡醬提升宴客料理的質感

材料・2人份

（磅蛋糕模具1個，
長16×寬8.6×高4.5cm）
瑪卡粉⋯⋯⋯⋯⋯⋯ 1小匙
高野豆腐⋯⋯ 2至3塊（30g）
牛奶⋯⋯⋯⋯⋯⋯⋯ 100ml
鵪鶉蛋⋯⋯⋯⋯⋯⋯⋯ 6顆
綠花椰菜
⋯⋯⋯⋯ $\frac{1}{5}$株（分成小朵）
絞肉⋯⋯⋯⋯⋯⋯⋯ 300g
鹽巴・胡椒⋯⋯⋯⋯ 各少許
全蛋液⋯⋯⋯⋯⋯⋯ 1大匙
伍斯特醬⋯⋯⋯⋯⋯ 2大匙
番茄醬⋯⋯⋯⋯⋯⋯ 2大匙
紅酒⋯⋯⋯⋯⋯⋯⋯ 4大匙

作法

1　將乾燥的高野豆腐直接搗碎，放入碗裡浸泡牛奶。煮水至沸騰，將鵪鶉蛋和分成小朵的綠花椰菜燙熟。鵪鶉蛋冷卻後去殼。烤箱預熱至210℃。

2　絞肉、鹽巴、胡椒放入另一個碗裡攪拌，拌出黏度時依序加入全蛋液、步驟1的高野豆腐。

3　將步驟2的材料倒入鋪好烘焙紙的模具中，約至 $\frac{1}{3}$ 的高度時，排入步驟1的綠花椰菜、鵪鶉蛋，倒入剩下的步驟2材料後，放入烤箱烤20至25分鐘，放涼後脫模取出，切成適當大小，盛盤。

4　調製瑪卡醬：將伍斯特醬、番茄醬、紅酒（若有肉汁也可加入）放入平底鍋，開火，不斷攪拌至沸騰即熄火，最後加入瑪卡粉拌勻。將瑪卡醬淋在步驟3上即完成。

Recipe
25
main dish

美肌・美白　　幫助減肥
預防貧血

小羊排佐甜菜醬

加上色澤鮮豔的甜菜醬
餐桌上的小羊排看起來更美味！

材料：2人份

甜菜（水煮罐頭）……50g
洋蔥……¹⁄₁₀個（20g）
酸奶油……20g
鹽巴……適量
粗粒黑胡椒……適量
羊小排……3塊
白酒……1大匙
貝比生菜（裝飾用）
……適量

作法

1　罐頭甜菜瀝乾水分，切末。洋蔥去皮、切末，泡水5分鐘後以廚房紙中吸乾水分。

2　調製甜菜醬：將步驟1的材料與酸奶油放入碗裡拌勻，以鹽巴、黑胡椒調味。

3　羊小排兩面撒上少許鹽巴、黑胡椒，放至平底鍋，以中火將兩面煎至出現焦黃色（以V型夾翻面），起鍋前加白酒，蓋上鍋蓋燜一下後熄火盛盤。最後放上甜菜醬，並以貝比生菜裝飾即完成。

| 預防生活習慣病 | 美肌・美白 |
| 緩解便祕 | 提升免疫力 |

炸鱈魚
拌蘆薈莧籽

鱈魚鬆軟易入口，
蘆薈Q彈爽口，
兩相搭配令人欲罷不能

材料・2人份

蘆薈⋯⋯⋯⋯⋯⋯⋯⋯⋯	80g
莧籽⋯⋯⋯⋯⋯⋯⋯⋯⋯	1小匙
（若已煮熟則取用2小匙）	
鱈魚（切片）⋯⋯⋯⋯⋯	2片
洋蔥⋯⋯⋯⋯⋯⋯⋯⋯⋯	¼個
彩椒（紅色）⋯⋯⋯⋯⋯	⅓個
西洋芹⋯⋯⋯⋯⋯⋯⋯⋯	½根
片栗粉（或太白粉）⋯⋯	適量
炸油⋯⋯⋯⋯⋯⋯⋯⋯⋯	適量

	橄欖油⋯⋯⋯⋯⋯⋯	50ml
	白酒醋⋯⋯⋯⋯⋯⋯	4大匙
A	魚露⋯⋯⋯⋯⋯⋯⋯	1大匙
	鹽巴⋯⋯⋯⋯⋯⋯⋯	少許
	粗粒黑胡椒⋯⋯⋯⋯	少許

作法

1　參考P.154，事先煮好莧籽。鱈魚撒上少許
鹽巴（分量外），靜置10分鐘後以廚房紙巾
吸乾水分，切成3cm塊狀，每塊兩面再撒上
少許鹽巴、胡椒（分量外）。

2　蘆薈去皮，切成1cm小丁。洋蔥去皮、彩椒
去籽後分別切成條狀。西洋芹斜切成薄片。

3　將步驟1的鱈魚全部裹上片栗粉，放入
180℃的炸油中炸2至3分鐘，盛盤備用。

4　將材料A放入調理碗中拌勻，再放入煮熟的
莧籽和步驟2至3的所有材料，再次拌勻，
待鱈魚放涼，覆蓋保鮮膜，放入冰箱裡冷卻
1小時後即完成。

27

main dish

| 幫助減肥 | 緩解便祕 |
| 預防生活習慣病 | 美肌・美白 |

大麻籽柚子醋醬
拌鰹魚生魚片

滿滿的蔬菜香，
撒上大麻籽，美味又健康

材料・2人份

大麻籽（乾燥）	1大匙
西洋菜	3小把
蘿蔔嬰	1袋
蘘荷	2個
鰹魚（生魚片用）	8片

	柚子醋醬	½小匙
	純正芝麻油	3大匙
A	醋	1大匙
	醬油	1大匙
	薑（磨成泥）	1小塊

作法

1　西洋菜切成2cm小段，蘿蔔嬰撥散，蘘荷斜切成薄片。

2　將材料**A**全部放入碗裡，拌勻。另一個碗裡放入步驟1的材料、鰹魚生魚片，拌勻後倒入**A**，再拌勻。

3　盛盤，最後撒上大麻籽即完成。

Recipe
28 | main dish 🍴

緩解便秘　美肌·美白
幫助減肥

法式嫩煎鮭魚排
佐虎堅果醬

以虎堅果調製出美味醬汁，
令人齒頰留香

材料·2人份

虎堅果⋯⋯⋯⋯⋯⋯⋯ 10g
鮭魚（切片，燒烤用）
⋯⋯⋯⋯⋯⋯⋯⋯⋯⋯ 2片
沙拉油⋯⋯⋯⋯⋯⋯⋯ 2小匙
麵粉⋯⋯⋯⋯⋯⋯⋯⋯ 2大匙
牛奶⋯⋯⋯⋯⋯⋯⋯ 200ml
奶油（有鹽）⋯⋯⋯⋯ 20g
法式清湯塊⋯⋯⋯⋯⋯ ¼個
生菜
（依個人喜愛，裝飾用）⋯ 適量

作法

1　鮭魚兩面撒上少許鹽巴（分量外），再薄薄裹上一層麵粉（2小匙，分量外）。平底鍋裡抹一些沙拉油，以中火煎鮭魚，兩面煎熟後盛盤備用。虎堅果與法式清湯塊以擀麵棍敲碎。

2　麵粉與牛奶放入碗裡，拌勻。

3　取另一個平底鍋，開小火，放入奶油使之融化，再慢慢倒入步驟2的材料，以木製刮刀充分攪拌，直到具濃稠感時，加入步驟1的虎堅果與法式清湯塊，拌勻後熄火即製成醬汁。

4　將步驟3的醬汁淋在步驟1的鮭魚上，放上裝飾用的生菜即可享用。

main dish

幫助減肥
改善浮腫

綠花椰超級芽菜生春捲

綠花椰超級芽菜口感清脆，捲成春捲後，
淋上甜辣醬就可以開動嘍！

材料・2人份

綠花椰超級芽菜
………………………… ½袋（25g）
米紙…………………………… 2張
鮭魚（生魚片用）………… 6片
小番茄………………………… 3個
酪梨…………………………… ¼個
甜辣醬（市售）…………… 適量
香菜（裝飾用）…………… 適量

作法

1 米紙快速過水後，攤開放在盤子上。酪梨去皮、去籽後切成薄片。小番茄對半切開。

2 當米紙變軟時，在靠近身體的這一端5cm處依序放上鮭魚、小番茄、酪梨。

3 鋪上一層綠花椰超級芽菜，將米紙兩端往內側摺疊後捲起來，盛盤後擺放香菜作裝飾，即可沾甜辣醬享用。

Recipe
30

main dish

美肌・美白
預防生活習慣病

椰香綠咖哩炒茄子

綠咖哩加上辛辣的黑孜然籽，
烹調出正宗東南亞風味

黑孜然籽（完整顆粒）⋯⋯⋯2小匙
椰子油⋯⋯⋯⋯⋯⋯⋯⋯⋯1大匙
味噌⋯⋯⋯⋯⋯⋯⋯⋯⋯⋯1小匙
雞腿肉⋯⋯⋯⋯⋯1塊（200g）
茄子⋯⋯⋯⋯⋯⋯⋯⋯⋯⋯2條
青椒⋯⋯⋯⋯⋯⋯⋯⋯⋯⋯1個
綠咖哩醬（市售）⋯⋯⋯⋯2小匙
玉米筍⋯⋯⋯⋯⋯⋯⋯⋯⋯4根
椰奶⋯⋯⋯⋯⋯⋯⋯⋯⋯100ml
醬油⋯⋯⋯⋯⋯⋯⋯⋯⋯2小匙
砂糖⋯⋯⋯⋯⋯⋯⋯⋯⋯1小匙

作法

1 雞肉切成一口大小。青椒去籽後切小片，茄子
輪切成塊狀。

2 將椰子油放入平底鍋，以小火加熱，再加入綠
咖哩醬拌炒，出現香味時，放入雞肉、茄子、
青椒、玉米筍，炒至出現焦黃色。

3 繼續加入椰奶、醬油、味噌，拌勻後再撒入黑
孜然籽與砂糖。持續以中火將綠咖哩醬煮化，
當所有材料熟透後熄火，盛盤即完成。

124

main dish

| 延緩老化 | 預防貧血 |
| 預防生活習慣病 | 緩解便祕 |

硬粒小麥番茄鑲肉

硬粒小麥增添料理風味，
充分入味的牛肉則帶來滿足感

材料・2人份

硬粒小麥	16g
味噌	1又½大匙
番茄	中型2個
橄欖油	2小匙
大蒜（切末）	1瓣
牛絞肉	60g
洋蔥（磨成泥）	½個
小扁豆（水煮罐頭）	10g
粗粒黑胡椒	少許
起司片	2片
新鮮巴西利	適量

作法

1 番茄切除上半部¼，並以湯匙挖空內部，製成器皿。挖掉的果肉留著備用。

2 平底鍋裡抹橄欖油，加熱，炒大蒜與牛絞肉。絞肉炒鬆後加入洋蔥、步驟1挖出的番茄果肉、硬粒小麥、小扁豆，一邊拌炒一邊搗碎番茄，收乾水分後以味噌和黑胡椒調味，熄火盛出。

3 將步驟2的材料填滿步驟1番茄器皿中，再鋪上起司片，放入烤箱中烤2至3分鐘，使起司稍微融化並呈淡淡的焦黃色。烤好後撒上切成碎末的巴西利即完成。

Recipe 32
main dish 幫助減肥

苔麩和風蔬菜湯
和風湯品中充滿著蔬菜的鮮甜味

材料 · 2人份

苔麩···················· 2大匙
味噌··················· 1至2大匙
洋蔥···················· 1個
胡蘿蔔················· ½根
西洋芹················· ½根
大蒜···················· 2瓣
彩椒（紅色）········· ½個
牛蒡···················· ½根
水····················· 600ml
昆布（乾燥·邊長5cm）·· 2片
橄欖油················· 1大匙
番茄（罐頭，切塊）··1罐(400ml)
醬油···················· 2小匙
鹽巴···················· 少許
芹菜葉（裝飾用）········ 適量

作法

1 洋蔥、胡蘿蔔、大蒜分別切末。

2 彩椒切成1cm小丁。牛蒡橫切成一半，再斜切成薄片後泡水。

3 將水和昆布放入鍋中，浸泡30分鐘後置於爐火上加熱，水一沸騰就取出昆布，熄火即完成昆布高湯。另取一個鍋子抹上橄欖油，以小火炒大蒜，炒出香味時放入步驟1的材料，炒至軟化後再加入步驟2的材料，炒5分鐘後倒入昆布高湯、番茄塊、苔麩，以小火燉煮10分鐘。

4 熄火，將味噌溶入湯品中，若鹹度不夠可加入鹽巴調味。將湯品盛裝至食器中，鋪放約2cm長的芹菜葉即完成。

Recipe 33
main dish 美肌·美白 | 延緩老化 | 緩解疲勞 | 預防虛冷

枸杞肉丸湯
滿滿的飽足感，讓身體由內而外暖和起來

材料 · 2人份

枸杞（乾燥）············ 5至6粒
小松菜葉··············· 2片
薑····················· 1小塊
冬粉··················· 30g
A ┌豬絞肉·············· 150g
  │香菇················ 2朵
  │片栗粉（或太白粉）···· 1小匙
  │雞湯粉·············· ½大匙
  └鹽巴·胡椒·········· 各少許
水····················· 400ml
豆芽··················· 50g
B ┌雞湯粉·············· 1大匙
  └醬油················ ½大匙
鹽巴·胡椒············· 各少許
炒過的芝麻············· 適量

作法

1 小松菜切成3cm小段。薑切絲，香菇切末。冬粉依包裝上標示時間煮透後，切成容易食用的長度。

2 將材料A放入碗裡充分拌勻，製作成一口大小的肉丸。

3 鍋中注水煮沸後，放入肉丸煮熟，再加入豆芽、小松菜、薑，再次沸騰時加入冬粉與材料B，稍微滾煮後，以鹽巴、胡椒調味，熄火。

4 將湯品盛裝在食器裡，撒上枸杞與芝麻即完成。

Recipe

34 | main dish

緩解便秘 | 預防生活習慣病
幫助減肥 | 美肌·美白

奇亞籽歐姆蛋餅

這是一道融合糖醋風味的和風歐姆蛋餅,奇亞籽帶來了有趣的口感

| 材料·2人份 |

A
┌ 奇亞籽 ············ ½小匙
│ (若已泡發則使用1至2
│ 大匙)
│ 日式高湯 ········· 50ml
│ 鹽巴 ·············· 少許
│ 醬油 ·············· 1小匙
│ 味醂 ·············· 1小匙
└ 醋 ··············· ⅓小匙

B
┌ 砂糖 ·············· 2小匙
│ 鹽巴 ·············· 少許
│ 日式高湯 ········· 50ml
└ 青紫蘇葉 ········· 3片
雞蛋 ················ 4顆
沙拉油 ·············· 1小匙
水(調合片栗粉用) ··· 2大匙
片栗粉(或太白粉) ··· 1大匙
貝比生菜(裝飾用)
·················· 適量

| 作法 |

1 參考P.154,先將奇亞籽泡發。在碗裡打入蛋液,再放入材料**B**拌勻。將拌勻的蛋液倒入已抹上沙拉油的平底鍋裡,製作歐姆蛋,盛盤備用。

2 將材料**A**放入鍋裡加熱,煮沸後就加入已調合的片栗粉水,轉小火,避免過度沸騰,一邊加熱一邊攪拌,熄火即製成醬汁。

3 在步驟**1**的歐姆蛋旁放上貝比生菜,最後淋上步驟**2**的自製醬汁即完成。

Recipe

35

 main dish

延緩老化

緩解便祕

油炸雪蓮果

以雪蓮果製成炸物，口感酥脆美味

材料·2人份

雪蓮果 …………………… 200g
牛蒡 ……………………… ½根
胡蘿蔔 …………………… ½根
海苔 ……………………… 1片
A ┌ 全蛋液 …………………… 3大匙
　└ 低筋麵粉 ………………… 120g
水 ………………………… 180ml
炸油 ……………………… 適量
萊姆 …………………… ⅛切片×2片

作法

1　雪蓮果、牛蒡、胡蘿蔔去皮，切成長3至4cm
　　細絲。海苔撕成容易食用的大小。將上述材料
　　放入碗裡，撒入低筋麵粉（2大匙，分量
　　外），拌勻。

2　將材料A與水慢慢放入另一個碗裡，攪拌至無
　　粉狀顆粒的程度，製成麵糊。將步驟1的所有
　　材料皆均勻裹上薄薄的一層麵糊。

3　將已裹上麵糊的食材分成4等分，分批放入
　　170℃的炸油中，炸2至3分鐘後瀝油、盛盤，
　　上桌前放上萊姆片即完成。

129

Recipe
36

main meal

預防貧血

平衡荷爾蒙

莧籽蛤蜊奶油義大利麵

奶油與醬油交織出了濃厚的味道，
搭配莧籽的顆粒口感，成為一道極品料理

材料・2人份

莧籽‥‥‥‥‥‥‥‥‥‥ 2大匙
（若已煮熟則使用3至4大匙）
蛤蜊‥‥‥‥‥‥‥‥‥‥ 200g
鴻喜菇‥‥‥‥‥ 1袋（100g）
青紫蘇葉‥‥‥‥‥‥‥‥ 6片
京都水菜‥‥‥‥‥‥‥‥ 1株
義大利麵‥‥‥‥‥‥‥‥ 160g
橄欖油‥‥‥‥‥‥‥‥‥ 2小匙
大蒜‥‥‥‥‥‥‥‥‥‥ 1瓣
　┌ 醬油‥‥‥‥‥ 1又½大匙
A │ 味醂‥‥‥‥‥‥‥ 2大匙
　└ 奶油（無鹽）‥‥‥‥ 20g

作法

1　參考P.154，先煮熟莧籽。蛤蜊不重疊地排列在方盤裡，倒入濃度3%的鹽水（分量外），覆蓋廚房紙巾，放在陰暗處1至2小時吐沙。鴻喜菇去除根部，分成小朵。青紫蘇葉切絲，京都水菜切小段。大蒜去皮後切片。

2　鍋中注入2公升的水，煮沸後放入義大利麵與鹽巴（1大匙，分量外）。比麵條包裝標示的煮麵時間早1分鐘撈出麵條，濾除水分。煮麵的湯汁留下備用。

3　平底鍋裡放入橄欖油與大蒜，以小火炒，炒出香味時，放入蛤蜊與鴻喜菇，拌炒均勻後放入煮熟的莧籽、步驟2煮麵的湯汁¼杯，蓋上鍋蓋，當蛤蜊的殼打開時放入義大利麵拌勻，最後倒入材料A調味，熄火。

4　盛盤，加上青紫蘇葉與京都水菜即完成。

Recipe
37

main meal

延緩老化
預防生活習慣病

奶香和風鮭魚義大利麵

煙燻鮭魚融合了味噌的甘醇，奶油香中更顯蘆筍清甜

材料・2人份	
味噌	½大匙
蘆筍	4根
新鮮巴西利	少許
奶油（無鹽）	20g
鮮奶油	50ml
牛奶	50ml
義大利麵	160g
鹽巴	少許
粗粒黑胡椒	少許
煙燻鮭魚	8片（150g）

作法

1 鍋裡注入1公升的水，煮沸後放入鹽巴（2小匙，分量外）、蘆筍，滾煮2分鐘後熄火，撈出蘆筍瀝乾水分，斜切成3cm小段。巴西利切末。

2 另起一鍋，注入2公升的水煮沸，放入鹽巴（1大匙，分量外）、義大利麵，比包裝標示的煮麵時間早1分鐘撈出麵條，濾除水分。

3 平底鍋裡抹上奶油，倒入步驟1的蘆筍、鮮奶油、牛奶，稍微煮沸後加入味噌。

4 將煮好的麵條放入步驟3裡充分拌勻，熄火，以鹽巴與胡椒調味。盛盤時，將燻鮭魚捲起鋪放在上面，最後撒上巴西利末即完成。

main
meal

| 美肌・美白 | 幫助減肥 |
| 延緩老化 | |

米漿義大利麵

米漿醬汁溫和地施展魔法，
逐一引發出不同食材的美味

材料・2人份

米漿	300ml
洋蔥	¼個
鴻喜菇	⅓袋（30g）
培根（厚片）	30g
橄欖油	1大匙
義大利麵	160g
鹽巴	少許
粗粒黑胡椒	少許

作法

1　洋蔥去皮，切薄片。鴻喜菇去除根部，分成小朵。培根切條狀。

2　在鍋中注入2公升的水，煮沸後放入鹽巴（1大匙，分量外）。義大利麵，比包裝標示的煮麵時間早1分鐘撈出麵條，瀝除水分。

3　平底鍋粗抹上橄欖油，放入培根，煎至出現焦黃色，再依序放入洋蔥、鴻喜菇，以中火炒香。

4　將煮好的麵條放入步驟3的平底鍋裡，倒入米漿，持續加熱至沸騰即熄火，以鹽巴與胡椒調味即完成。

延緩老化
預防生活習慣病

核桃沙拉拌烏龍麵

有了口感香脆的核桃，
各種營養的蔬菜更加美味可口

材料·2人份

核桃（生鮮）	20g
綠花椰超級芽菜	少許
萵苣葉	4片
小番茄	6個
紫洋蔥	¼個
培根（厚片）	2片
雞蛋	2顆
烏龍麵（冷凍）	2人份
麵味露	200ml

作法

1 萵苣葉撕成容易食用的大小。小番茄去蒂，對半切開。紫洋蔥去皮、切薄片，泡水5分鐘後再瀝乾水分。培根切成5mm的小丁，以平底鍋煎至香脆。

2 製作水波蛋：在鍋裡注入1公升的水，煮沸後加醋（3大匙，分量外），待水再次煮開但尚未滾沸冒泡時，轉小火，小心地打入雞蛋，以筷子在鍋中順時鐘畫圓，製造出水波紋。當蛋白變白時，以圓杓取出，放至冰水裡冷卻。

3 烏龍麵依包裝標示時間煮熟，以冰水冷卻後濾除水分。依序將烏龍麵、萵苣、小番茄、紫洋蔥裝入食器中。

4 中央鋪放水波蛋，撒上綠花椰超級芽菜與切碎的核桃，最後再淋上麵味露即完成。

main meal

美肌・美白　幫助減肥

延緩老化

越式豬肉三明治

在越式三明治中加入掌狀紅皮藻，
讓你一次攝取足量的蔬菜與藻類！

材料・2人份

掌狀紅皮藻（乾燥）⋯⋯⋯ 10g
豬里肌肉片（涮涮鍋用）⋯ 100g
皺葉萵苣葉⋯⋯⋯⋯⋯⋯⋯ 3片
香菜⋯⋯⋯ 適量（依個人喜好）
胡蘿蔔⋯⋯⋯⋯⋯⋯⋯⋯⋯ ½根
蘋果醋⋯⋯⋯⋯⋯⋯⋯⋯⋯ 2大匙
法式長棍麵包（15cm）⋯⋯ 2條
甜辣醬（市售）⋯⋯⋯⋯⋯ 2大匙
檸檬⋯⋯⋯⋯⋯⋯ ⅛切片×1片
A ┌ 奶油起司 ⋯⋯⋯⋯⋯⋯ 50g
　└ 蒔蘿 ⋯⋯⋯⋯⋯⋯⋯⋯ 1枝

作法

1　豬肉以沸水汆燙，再以冰水冷卻，濾除水分。參考
　　P.155，事先泡發掌狀紅皮藻。皺葉萵苣葉撕成容易食
　　用的大小。香菜切末。

2　胡蘿蔔去除蒂頭、去皮切絲，以少許鹽巴（分量外）搓
　　揉後拌蘋果醋。

3　拌勻材料**A**，製成沾醬。長棍麵包縱向劃出開口，夾入
　　掌狀紅皮藻、豬肉、萵苣葉、胡蘿蔔，並鋪放香菜，盛
　　盤後淋上甜辣醬，一旁放上檸檬片，即可搭配沾醬食
　　用。

Recipe

41 | 🍽 main meal 緩解便祕 / 幫助減肥

菰米飯＋普羅旺斯燉菜

米飯中混入具有獨特咬勁的菰米
適合搭配普羅旺斯燉菜一起享用

材料（2人份）

菰米	4大匙
（若已煮熟則使用1杯左右）	
茄子	½條
櫛瓜	½條
洋蔥	½個
培根（厚片）	2片
橄欖油	2小匙
大蒜（切末）	1瓣
番茄（罐頭，切塊）	
	½罐（200g）
法式清湯塊	1塊
月桂葉	1片
鹽巴·胡椒	各少許
溫熱米飯	2碗
起司粉	2小匙

作法

1. 參考P.155，先煮熟菰米備用。茄子、櫛瓜、去皮的洋蔥、培根分別切成1cm小丁。

2. 鍋裡放入橄欖油、大蒜，以小火拌炒，一出現香味就放入培根，轉中火，炒至培根焦黃時放入茄子、櫛瓜、洋蔥，拌炒至食材軟化。

3. 加入番茄切塊、法式清湯塊、月桂葉，轉小火燜煮10分鐘，最後以鹽巴、胡椒調味，熄火即完成燉菜。

4. 將菰米、溫熱米飯、起司粉盛至碗中，以飯杓拌勻後倒扣在盤子裡，一旁鋪放燉菜即可食用。

42

main meal

緩解便秘　促進食欲

美肌·美白

薑黃炒飯

只要一口，
薑黃的辛香味就會在嘴裡擴散開來

材料·2人份

薑黃粉······················· ½小匙
蘿蔔絲乾······················ 12g
杏鮑菇·························· ½朵
青椒····························· 2個
去頭蝦子························ 8尾
米飯····························· 2碗
純正芝麻油···················· 1大匙
薑（磨成泥）·················· 1小塊
大蒜（磨成泥）··············· 1瓣
無籽紅辣椒（切圈）··········· 1條
魚露····························· 2小匙
醬油····························· 1小匙
砂糖····························· 1小匙
鹽巴·胡椒·················· 各少許
檸檬····················· ⅛切片×2片

作法

1 蘿蔔絲乾約浸水20分鐘，泡發後以廚房紙巾吸乾水分，切末。杏鮑菇與去籽青椒切末。蝦子去殼（尾巴部分可留），挑除腸泥。

2 米飯放入碗裡，撒上薑黃粉，拌勻。

3 平底鍋裡抹芝麻油，開小火，放入薑、大蒜、紅辣椒，一炒出香味，就依序加入步驟1的蘿蔔絲乾、蝦子、杏鮑菇、青椒，轉中火拌炒。

4 炒至熟透時，加入步驟2的薑黃飯，再倒入魚露、醬油、砂糖，充分炒勻，以鹽巴、胡椒調味。熄火盛盤後，旁邊附上檸檬片即完成。

43

main meal

美肌·美白

緩解便秘

納豆鮪魚丼

納豆與鮪魚是一對好搭檔，
加入綠色酪梨即成為一道超級丼飯

材料·2人份

納豆················· 2袋（100g）
鮪魚（生魚片用）········ 100g
酪梨····························· ½個
麵味露（3倍濃縮還原）·· 3大匙
純正芝麻油···················· 1小匙
溫熱米飯························ 2碗
蔥花····························· 適量
蛋黃····························· 2個
白芝麻（炒過）·············· 少許

作法

1 鮪魚切成1cm小丁。酪梨去皮、去核，果肉切成1cm小丁。

2 將納豆、麵味露、芝麻油放入碗裡混勻後，再倒入步驟1的材料，輕輕拌勻。

3 將溫熱米飯盛裝在丼碗裡，上面鋪放步驟2的食材，再鋪放蔥花、蛋黃，最後撒上芝麻即完成。

Recipe **44** | main meal

美肌・美白　緩解疲勞

緩解便秘

鷹嘴豆南瓜貝果三明治

以鷹嘴豆＆甘甜的南瓜製成可樂餅，
美好滋味令人無法忽視

材料・2人份

鷹嘴豆（水煮罐頭）‥‥‥‥ 70g
南瓜‥‥‥‥‥‥‥‥‥‥‥‥ 70g
優格（無糖）‥‥‥‥‥‥‥ 30g
豬絞肉‥‥‥‥‥‥‥‥‥‥‥ 80g
鹽巴・胡椒‥‥‥‥‥‥‥ 各少許
麵粉・麵包粉‥‥‥‥‥‥‥ 適量
全蛋液‥‥‥‥‥‥‥‥‥‥ 2顆
原味貝果‥‥‥‥‥‥‥‥‥ 2個
生菜葉‥‥‥‥‥‥‥‥‥‥ 2片
◎**特製番茄醬**
橄欖油‥‥‥‥‥‥‥‥‥ 2小匙
洋蔥（切末）‥‥‥‥ 1/3個(70g)
大蒜（切末）‥‥‥‥‥‥‥ 1瓣
番茄（罐頭，切塊）‥‥‥ 1/2罐(200g)
水‥‥‥‥‥‥‥‥‥‥‥ 200ml
法式清湯塊‥‥‥‥‥‥‥ 1/2塊
月桂葉‥‥‥‥‥‥‥‥‥‥ 1片
優格（無糖）‥‥‥‥‥‥‥ 10g
番茄醬‥‥‥‥‥‥‥‥‥ 1小匙
中濃醬‥‥‥‥‥‥‥‥‥ 1小匙
鹽巴・胡椒‥‥‥‥‥‥‥ 各少許

作法

1　製作特製番茄醬：平底鍋裡抹上橄欖油，開中火，放入洋蔥與大蒜拌炒，再加入番茄切塊、水、法式清湯塊、月桂葉燉煮約10分鐘後，加入10g的優格拌勻，最後以番茄醬、中濃醬、鹽巴、胡椒調味，熄火盛出即完成。

2　將南瓜去除瓜囊和籽，連皮一起切成小塊後，放入耐熱容器裡覆蓋保鮮膜，在600W微波爐裡加熱2至3分鐘，放涼後剝去外皮。將鷹嘴豆切細碎後，拌入已去皮的南瓜中，混合均勻，再加入優格30g繼續拌勻。

3　絞肉炒過後，以鹽巴、胡椒調味，放涼後倒入步驟**2**的材料中拌勻，成為可樂餅糊。可樂餅糊分成2等分，分別裝入圓柱型模具裡塑形，再依序裹上麵粉、蛋液、麵包粉，放入180℃的炸油中炸酥脆，瀝油後即完成可樂餅。

4　貝果對半劃開，中間先鋪放生菜，再依序放上可樂餅、特製番茄醬，夾起即可食用。

Recipe

45 | main meal | 預防貧血 |
| | 預防虛冷 |

藜麥馬鈴薯沙拉貝果三明治

添加了美味的藜麥，很有地下美食街的風格

 材料·2人份

藜麥·················· 1小匙
（若已煮熟則使用約1大匙）
馬鈴薯················· 中型1個
美奶滋····················· 30g
綠花椰菜·················· 20g
洋蔥······················· 30g
蝦仁（生食用）··········· 50g
A ┌ 鹽巴·胡椒········· 各少許
　　└ 顆粒芥末醬········· 1小匙
原味貝果·················· 2個

作法

1 參考P.154，先煮熟藜麥備用。馬鈴薯去皮後裝在耐熱容器裡，放入600W微波爐中約加熱6分鐘，加熱至能以竹籤穿刺時取出，趁熱搗碎，加入美奶滋10g拌勻，製成馬鈴薯泥。

2 綠花椰菜分成小朵。洋蔥去皮、切末，泡水約5分鐘後，取出以廚房紙巾吸乾水分。煮一鍋水，水沸騰時加入鹽巴（1大匙，分量外）、綠花椰菜，約煮3分鐘後熄火，取出綠花椰菜備用。

3 將煮熟的藜麥、綠花椰菜、洋蔥、蝦仁放入碗裡，加入美奶滋20g、材料**A**，拌勻。

4 貝果對半劃開，中間先塗抹馬鈴薯泥，再放入步驟3的食材，夾起即可食用。

Sweets

美味甜點×12
帶來滿滿幸福感

 sweets

 平衡荷爾蒙
緩解疲勞

蜂花粉優格起司蛋糕

**蜂花粉帶著花朵的香甜氣息，
在嘴裡擴散開來，風味高雅又清新**

材料·2人份

蜂花粉 2小匙
消化餅（市售）............... 80g
奶油（無鹽）.................. 45g
奶油起司 100g
優格（無糖）.................. 100g
鮮奶油 100ml
細砂糖 4大匙
檸檬汁 2小匙
明膠粉 5g

作法

1 消化餅以桿麵棍敲碎，放入碗裡。奶油鋪放在耐熱器皿裡，覆蓋保鮮膜後，以500W微波爐加熱約30秒融化。奶油起司退冰，恢復至常溫，以廚房紙巾吸乾優格上多餘的水分。

2 奶油放入放有消化餅的碗裡，以橡膠刮刀拌勻後，平鋪在方形食器的底部，仔細壓實後，放入冰箱冰20分鐘以上。

3 將優格、奶油起司、鮮奶油、細砂糖、檸檬汁放入另一個碗裡，充分拌勻。

4 明膠粉溶水（50ml，分量外）後，以600W微波爐加熱約30秒。取一個較大的碗，裝入冰水，再將裝有步驟3材料的碗半浸在冰水裡，一邊慢慢倒入明膠水，一邊輕輕攪拌至變黏稠。

5 將步驟4倒入步驟2，表面撒上蜂花粉，再放入冰箱，冰2小時以上後取出即可食用。

Recipe
47

sweets

美肌・美白　延緩老化
預防生活習慣病

可可馬芬蛋糕

微微的甜，重拾簡單幸福感

材料·2人份

（馬芬烤杯4個）

可可粉………………………	2大匙
杏仁乳………………………	2大匙
核桃（生鮮）……………	10顆
奶油（無鹽）…………………	60g
全蛋液…………………………	2顆
細砂糖…………………………	4大匙
鬆餅粉…………………………	6大匙

作法

1 奶油鋪放在耐熱器皿中，覆蓋保鮮膜，以500W微波爐加熱約30秒融化。烤箱預熱至180℃。

2 已融化的奶油、可可粉、杏仁乳、核桃、全蛋液、細砂糖倒入碗裡，以打蛋器輕輕地攪打至無塊狀，加入鬆餅粉慢慢攪拌均勻後，將麵糊倒入馬芬烤杯裡。

3 放入烤箱烤20分鐘，取出放涼即完成。

Recipe
48

sweets

幫助減肥　美肌・美白
緩解便秘

野櫻莓奇亞籽牛軋糖

加了野櫻莓與堅果，成為令人著迷的彈牙甜點

材料·2人份

野櫻莓（乾燥）…………	40g
奇亞籽（先泡發，參考P.154）	
………………………………	1小匙
棉花糖…………………………	70g
奶油（無鹽）…………………	10g
綜合堅果（無調味）………	100g

作法

1 棉花糖與奶油放在耐熱器皿裡，以500W微波爐加熱約30秒，融化後以橡膠刮刀充分拌勻。

2 加入野櫻莓、綜合堅果、奇亞籽，繼續充分拌勻。

3 將步驟2的材料倒入鋪有烘焙紙的模具裡，放入冰箱冰約1小時，待冷卻凝固後，從模具中取出，切成條狀即完成。

Recipe

49 |

| 預防貧血 | 美肌・美白 |
| 幫助減肥 | 預防生活習慣病 |

黃金莓餅乾

黃金莓的酸味令人戀戀不忘

材料・2人份

黃金莓（乾燥）··············20g
核桃油················1又½大匙
生豆腐渣·················20g
全麥麵粉·················30g
綜合穀片·················50g
豆漿（無調整）······1又½大匙
楓糖漿
·········⅔大匙（可依喜好調整）

作法

1　將黃金莓、生豆腐渣、全麥麵粉、綜合穀片放入碗裡，以筷子攪拌，將生豆腐渣徹底攪拌開來。烤箱預熱至170℃。

2　豆漿裝在小型容器裡，一邊慢慢加入核桃油，一邊以橡膠刮刀混勻。

3　將楓糖漿加入步驟**1**的材料中，以橡膠刮刀輕輕拌勻，再倒入步驟**2**的材料，充分混勻，製成麵糊。

4　以湯匙舀出麵糊，一匙一匙放在鋪了烘焙紙的烤盤上，將每一匙麵糊調整成丸子形狀，並以湯匙背面壓實。放入烤箱約烤15分鐘，烤好後取出靜置約2分鐘，最後鋪放在網架上放涼即完成。

美肌・美白 ／ 預防虛冷
緩解便祕 ／ 預防生活習慣病

杏仁提拉米蘇

大量使用味道香醇的杏仁

材料・2人份

杏仁（無調味）	10顆
奶油起司	100g
砂糖	2大匙
鮮奶油	100ml
海綿蛋糕（5寸，市售）	半個
即溶義式濃縮咖啡粉	½小匙
可可粉	適量

作法

1 奶油起司退冰，恢復到常溫後放入碗裡，倒入砂糖，以橡膠刮刀充分拌勻，再倒入鮮奶油，充分攪拌至滑順，製成奶油餡。

2 即溶咖啡粉以熱水（80ml，分量外）沖泡。將海綿蛋糕切成3cm小丁，浸泡在咖啡中。

3 杏仁以擀麵棍敲碎。

4 將步驟2的蛋糕取一些塞入玻璃杯裡，再撒一些步驟3的杏仁，再鋪入步驟1的奶油餡，此為一層。每杯共製作出三層後，撒上可可粉，並以少許杏仁碎末裝飾，放入冰箱冷卻後即可食用。

Recipe
51 | sweets

| 美肌・美白 | 緩解便秘 |
| 預防生活習慣病 | 幫助減肥 |

奇亞籽奶茶布丁

帶有清爽甜味&顆粒口感

材料・易製作的分量

（布丁烤杯4個，直徑7.5cm）

奇亞籽‧‧‧‧‧‧‧‧‧‧‧‧‧‧ ½大匙
（若已泡發則使用約5大匙）
明膠粉‧‧‧‧‧‧‧‧‧‧‧‧‧‧‧‧‧‧ 8g
奶茶（含糖，市售）
‧‧‧‧‧‧‧‧‧‧‧‧‧‧‧‧‧‧‧‧‧‧400ml

作法

1 參考P.154，先將奇亞籽泡發備用。

2 將奶茶放入鍋裡，加熱至體溫狀態，熄火。明膠粉依包裝指定分量的水（分量外）化開，加入奶茶鍋裡充分混勻，再加入泡發的奇亞籽後倒入食器，放入冰箱冷卻凝固後即完成。

Recipe
52 | sweets

| 幫助減肥 |
| 緩解疲勞 |

麥蘆卡蜂蜜
地瓜豆漿布丁

麥蘆卡蜂蜜的芳醇香味令人難忘

材料・2人份

麥蘆卡蜂蜜‧‧‧‧‧‧‧‧‧‧‧‧‧‧2小匙
地瓜‧‧‧‧‧‧‧‧‧‧‧‧‧‧ ⅓條（70g）
豆漿（無調整）‧‧‧‧‧‧‧‧‧‧‧ 70ml
鮮奶油‧‧‧‧‧‧‧‧‧‧‧‧‧‧‧‧‧‧ 7ml
砂糖‧‧‧‧‧‧‧‧‧‧‧‧‧‧‧‧‧‧‧‧‧‧5g
明膠粉‧‧‧‧‧‧‧‧‧‧‧‧‧‧‧‧‧‧‧‧2g
水‧‧‧‧‧‧‧‧‧‧‧‧‧‧‧‧‧‧‧‧‧ 15ml
奶油（無鹽）‧‧‧‧‧‧‧‧‧‧‧‧‧‧‧5g
綠薄荷葉（裝飾用）‧‧‧‧‧‧‧‧ 適量

作法

1 地瓜切成適當大小，放入耐熱容器裡，以500W微波爐加熱約5分鐘，確認可以竹籤刺穿時取出，小心地剝去外皮，避免燙傷。

2 將麥蘆卡蜂蜜、地瓜、豆漿、鮮奶油、砂糖放入果汁機，攪打到滑順後倒入碗裡。

3 明膠粉與水倒入耐熱容器中，以500W微波爐加熱約20至30秒，明膠化開後倒入步驟2的材料中，以橡膠刮刀充分拌勻。

4 以融化的奶油塗抹烤杯，倒入步驟3的材料後，放入冰箱冷卻，待凝固後，鋪放綠薄荷葉即完成。

 sweets

改善浮腫

幫助減肥

楓樹汁葡萄果凍

麝香葡萄晶瑩如玉，
添加薄荷，帶來了清爽的氣息，
楓樹汁的味道也在嘴裡慢慢擴散……

材料·2人份

楓樹汁 ························· 400ml
麝香葡萄（可連皮食用的無籽品種）··· 8顆
明膠粉 ···························· 10g
綠薄荷葉 ·························· 適量

作法

1 麝香葡萄的外皮充分洗淨後，以廚房紙巾擦乾水分，縱向對半切開。

2 將5g明膠粉與50ml水（分量外）混勻，以600W微波爐加熱30秒。將200ml楓樹汁倒入碗裡，加入明膠水，充分拌勻。

3 將一半分量的麝香葡萄和薄荷葉，等分放入2個杯子裡，再倒入步驟2的楓樹汁明膠混合液，放入冰箱約30分鐘，使之凝固。

4 凝固後從冰箱中取出，重複步驟2至3，製作雙層果凍，麝香葡萄與薄荷葉須均勻分布。第二層果凍也凝固後，將剩下的麝香葡萄、楓樹汁倒在果凍上，再放入冰箱裡，待整體凝固後即可食用。

Recipe
54 | sweets

| 美肌・美白 | 緩解疲勞 |
| 改善浮腫 | 幫助減肥 |

椰香奇亞籽綜合果凍

水果的甜味完全被引發，
適合餐後食用

材料・2人份

椰子汁‧‧‧‧‧‧‧‧‧‧‧‧‧‧‧‧‧‧200ml
奇亞籽‧‧‧‧‧‧‧‧‧‧‧‧‧‧‧‧‧‧‧1大匙
80℃熱水‧‧‧‧‧‧‧‧‧‧‧‧‧‧‧‧‧50ml
明膠粉‧‧‧‧‧‧‧‧‧‧‧‧‧‧‧‧‧‧‧‧‧5g
水果（鳳梨、橘子、黃桃）‧50g
綜合莓果（冷凍）‧‧‧‧‧‧‧‧‧‧‧50g

作法

1 明膠粉加80℃的熱水化開。

2 將椰子汁加入明膠水裡，充分混勻後放入冰箱
裡冰60分鐘，使之冷卻凝固。

3 凝固後的果凍質地柔嫩，加入奇亞籽及各種水
果、綜合莓果，拌勻即可食用。

55

 sweets

| 美肌·美白 | 緩解便祕 |
| 預防貧血 | 緩解疲勞 |

火龍果優格

柔嫩的優格搭配火龍果，
也可依喜好加入石榴籽喔！

材料·2人份

火龍果························· ½個
石榴籽（乾燥）
············· 適量（依個人喜好）
葡萄柚························· ⅛個
鳳梨（果肉）
····················· 1至2片（20g）
優格（無糖）················· 60g

作法

1　火龍果縱向對半切開，以大湯匙挖出裡面的果肉，果肉切成1cm小丁，果皮留著當食器。葡萄柚去皮、去薄膜，切半成小塊。鳳梨切小塊。

2　將火龍果果肉、葡萄柚、鳳梨鋪放在挖空的火龍果皮裡，淋上優格，最後鋪放石榴籽即完成。

Recipe
56 | sweets

緩解疲勞
幫助減肥

檸檬大麻籽奶冰淇淋

品嚐檸檬獨特的清爽苦味，
這是令人懷念的溫柔滋味

材料·易製作的分量

大麻籽奶⋯⋯⋯⋯⋯⋯100ml
檸檬⋯⋯⋯⋯⋯⋯⋯⋯⋯½個
香草冰淇淋（市售）⋯⋯ 200g
鮮奶油⋯⋯⋯⋯⋯⋯⋯⋯100ml
香草精⋯⋯⋯⋯⋯⋯⋯⋯少許

作法

1　檸檬外皮以刨刀削下、切絲，果肉以榨汁機榨汁。
香草精從冰箱中取出後，待恢復至常溫，以方便稍
後攪拌。

2　鮮奶油倒入碗裡，打發至七分發泡（泡沫尖端可
稍為挺立），加入香草冰淇淋、大麻籽奶，輕輕
拌勻。

3　將檸檬皮、檸檬汁、香草精加入步驟**2**，充分拌勻
後，將材料移到方盤等保冷容器中，放入冰箱約2
小時後即可食用。

幫助減肥
緩解便秘

龍舌蘭蜜丸子
烤醬油風味&柚餅子風味

使用低GI的龍舌蘭糖漿，
丸子淋醬食用，輕甜不膩

材料‧2人份

核桃（生鮮）⋯⋯⋯1至2顆
糯米粉⋯⋯⋯⋯⋯⋯⋯⋯60g
絹豆腐⋯⋯⋯¼塊多（72g）

◎烤醬油風味
龍舌蘭糖漿⋯⋯⋯⋯⋯1小匙
白味噌⋯⋯⋯⋯⋯⋯⋯¼小匙
醬油⋯⋯⋯⋯⋯⋯⋯⋯⋯1滴

◎柚餅子風味
龍舌蘭糖漿⋯⋯⋯⋯⋯1小匙
紅味噌⋯⋯⋯⋯⋯⋯⋯¼小匙

作法

1 糯米粉與豆腐放入碗裡，拌勻，靜置約15分鐘。

2 兩種醬汁分別調勻，製成兩種風味淋醬。核桃敲成碎末。

3 步驟1的糯米團變成耳垂般的硬度時，分成兩份，其中一份分切成3小塊，並分別搓揉成丸子；另一份加入核桃碎末，揉勻後也分切成3小塊並揉成丸子。

4 鍋子注水煮沸後，將丸子放入，當丸子浮出水面時，取出泡冷水，再盛裝於食器裡，淋醬後即可食用（原味丸子淋上烤醬油風味醬，加了核桃的丸子淋上柚餅子風味醬）。

超級食物の事前處理

為了使調理更有效率，
有些乾燥的食材需要事前泡發或煮熟。
料理前先掌握這些超級食物的處理方法吧！

藜麥 　　　　　　　　　　　　　>>> P.44

水煮	炊煮	食譜應用
鍋裡注水煮沸後，加入充分洗淨的藜麥，煮約10至15分鐘後，以細網目濾網瀝乾水分。冰箱冷藏可保存2至3天，冷凍約可保存2週。	將充分洗淨的藜麥與水，以1：2的比例，放在電子鍋裡炊煮約10分鐘。保存方式同水煮。	**P.139** 藜麥馬鈴薯沙拉貝果三明治

奇亞籽 　　　　　　　　　　　　>>> P.48

泡發　　　食譜應用

準備10至15倍的水倒入碗裡，放入奇亞籽浸泡15分鐘以上，使之吸水膨脹。冰箱冷藏約可保存1週。

P.108 奇亞籽柑橘醬
P.128 奇亞籽歐姆蛋餅
P.143 野櫻莓奇亞籽牛軋糖
P.147 奇亞籽奶茶布丁

莧籽 　　　　　　　　　　　　　>>> P.54

水煮　　　食譜應用

鍋裡注水煮沸後，加入充分洗淨的莧籽，煮約8至10分鐘後，以細網目濾網瀝乾水分。冰箱冷藏約可保存2至3天，冷凍可保存約2週。

P.118 炸鱈魚拌蘆薈莧籽
P.130 莧籽蛤蜊奶油義大利麵

菰米

》》》 P.61

水煮

快速以水清洗後，放入沸騰的水中，加入少許鹽巴，煮約30分鐘後，以濾網瀝乾水分。冰箱冷藏可保存約1週。

炊煮

快速以水清洗後，菰米與水以1：4的比例，放在電子鍋裡約煮10分鐘。保存方式同水煮。

食譜應用

P.113
菰米香菜沙拉
P.135
菰米飯＋
普羅旺斯燉菜

苔麩

》》》 P.60

炊煮

鍋裡放入苔麩與3倍分量的水，蓋上鍋蓋，置於爐火上。一煮沸就轉小火，續煮約20分鐘後熄火，蓋上鍋蓋約燜5分鐘。冰箱冷藏可保存2至3天。

鷹嘴豆（乾燥豆子）

》》》 P.64

水煮

碗裡放入鷹嘴豆和足量的水，靜置一晚後瀝乾水分。鍋中倒入水和瀝乾的鷹嘴豆，煮約20至30分鐘後撈出，再次瀝乾水分。冰箱冷藏可保存2至3天，冷凍可保存約3週。

掌狀紅皮藻

》》》 P.84

泡發

碗裡放入掌狀紅皮藻和足量的水，浸泡約20分鐘，使之膨脹後瀝乾水分，即可使用。

食譜應用

P.113 綠花椰超級芽菜＋掌狀紅皮藻豆腐沙拉
P.134 越式豬肉三明治

超級食物成分索引

食譜保健功能索引

國家圖書館出版品預行編目(CIP)資料

原食大實踐！超級食物教科書：一次掌握保健原理×特色食材
×美味食譜 / 生活の木・小林理惠作；夏淑怡譯.
-- 初版. -- 新北市：養沛文化館出版：雅書堂文化發行,
2019.06
　面；　公分. -- (自然食趣；27)
ISBN 978-986-5665-72-2(平裝)

1.食譜 2.食物

427.1　　　　　　　　　　　　　　　108005731

自然食趣 27

原食大實踐！超級食物教科書

一次掌握保健原理×特色食材×美味食譜

作　　　者／生活の木・小林理惠
譯　　　者／夏淑怡
發　行　人／詹慶和
總　編　輯／蔡麗玲
執　行　編　輯／李宛真
特　約　編　輯／黃建勳
編　　　輯／蔡毓玲・劉蕙寧・黃璟安・陳姿伶・陳昕儀
執　行　美　編／韓欣恬
美　術　編　輯／陳麗娜・周盈汝
出　版　者／養沛文化館
發　行　者／雅書堂文化事業有限公司
郵政劃撥帳號／18225950
戶　　　名／雅書堂文化事業有限公司
地　　　址／新北市板橋區板新路206號3樓
電　子　信　箱／elegant.books@msa.hinet.net
電　　　話／（02）8952-4078
傳　　　真／（02）8952-4084

2019年6月初版一刷　定價380元

經銷／易可數位行銷股份有限公司
地址／新北市新店區寶橋路235巷6弄3號5樓
電話／(02)8911-0825
傳真／(02)8911-0801

Staff

攝影／北原千惠美
設計／田山円佳（STUDIO DUNK）
風格設定／木村遥（STUDIO DUNK）
燈光／松永梨杏
插圖／oh.723
編輯協力／平川知子、北川由以（生活の木）
編輯／加藤風花
　　　太田菜津美（STUDIO PORTO）
料理製作／エダジュン
料理助理／関沢愛美
企劃・編輯／庄司美穂
Field report／小野由可里
食譜設計協力／
東京家政大学家政学部助教・久松裕子
助手・小池温子
東京家政大学大学院健康栄養学専攻 荒木萌、盆下誌保
東京家政大学家政学部栄養学科
東原ひかる、澤野華菜、宇都宮茉莉、加﨑野乃、
村松由理、板垣紗彩、古市みづき、御子柴舞衣
食材協力／きたみらい農業協同組合
超級食物協力／生活の木

【注意事項】

1.本書不適用於疾病治療，僅作平日保健參考。如有健康問題，或正在服用藥物、懷孕或哺乳，請務必諮詢醫生。
2.本書介紹的超級食物還有許多其他名稱，本書以常見名稱介紹之。
3.本書所建議的每日食用量僅供參考，請同步參酌食物包裝說明與個人身體狀況。

【參考資料】

『世界の食材図鑑』ルーキー・ウエール、ジル・コックス著／グラフィック社『Superfoods』David Wolfe著／North Atlantic Books　『チア・シード』ジェイムズ・F・シェール著、山口武訳／フレグランスジャーナル社　『いちばん詳しくてわかりやすい！栄養素の教科書』中嶋洋子監修／新星出版社　『メディカルハーブ ハーバルセラピストコース・テキスト』特定非営利法人 日本メディカルハーブ協会『栄養の基本がわかる図解事典』中村 丁次 監修／成美堂出版　『新食品成分表』／東京法令出版　『麥蘆卡蜂蜜の秘密』城 文子著、中野正人監修／アイシーメディックス　『読む油事典』YUKIE 著／主婦の友社　『チョコレートの凄い効果』板倉弘重著／かんき出版　『かんたん・おいしい奇亞籽レシピ』ダニエラ・シガ著、白澤卓二監修／マイナビ出版